U0338424

孙玉

1962年毕业于清华大学，后被分配到中国电子科技集团第54研究所工作至今。其间，从事军事通信设备研制和通信系统总体工程设计；领导创建了电信网络专业和数字家庭专业；出版电信科技著作13部。1995年当选中国工程院院士。现任，国防电信网络重点实验室科技委主任；兼任，中央军委科技委顾问。

· 孙玉院士技术全集 ·

中国工程院院士文集

数字家庭网络总体技术

◎ 孙　玉　编著

人民邮电出版社

北　京

图书在版编目（CIP）数据

数字家庭网络总体技术 / 孙玉编著. -- 北京 ： 人
民邮电出版社，2017.9
（孙玉院士技术全集）
ISBN 978-7-115-44685-5

Ⅰ. ①数… Ⅱ. ①孙… Ⅲ. ①互联网络－应用－家庭
生活 Ⅳ. ①TS976.9-39

中国版本图书馆CIP数据核字(2017)第019716号

内 容 提 要

本书在介绍国内外数字家庭标准化组织概况的基础上，讨论了有关数字家庭的电信网络总体技术、接入网络总体技术、网络管理总体技术、网络安全技术和广播电视网总体技术，给出了一个数字家庭业务系统的参考示例。最后，本书探讨了我国数字家庭网络技术标准研究的进展，以及有关数字网络技术预研项目的情况。

本书可作为在数字家庭技术领域从事相关研究的同仁的参考用书。

- ◆ 编　著　孙　玉
　　责任编辑　杨　凌
　　责任印制　彭志环
- ◆ 人民邮电出版社出版发行　　北京市丰台区成寿寺路 11 号
　　邮编　100164　　电子邮件　315@ptpress.com.cn
　　网址　http://www.ptpress.com.cn
　　北京天宇星印刷厂印刷
- ◆ 开本：700×1000　1/16　　彩插：1
　　印张：17.75　　　　　　　　2017 年 9 月第 1 版
　　字数：227 千字　　　　　　2017 年 9 月北京第 1 次印刷

定价：108.00 元

读者服务热线：(010)81055488　印装质量热线：(010)81055316
反盗版热线：(010)81055315

《中国工程院院士文集》总序

　　二〇一二年暮秋，中国工程院开始组织并陆续出版《中国工程院院士文集》系列丛书。《中国工程院院士文集》收录了院士的传略、学术论著、中外论文及其目录、讲话文稿与科普作品等。其中，既有早年初涉工程科技领域的学术论文，亦有成为学科领军人物后，学术观点日趋成熟的思想硕果。卷卷《文集》在手，众多院士数十载辛勤耕耘的学术人生跃然纸上，透过严谨的工程科技论文，院士笑谈宏论的生动形象历历在目。

　　中国工程院是中国工程科学技术界的最高荣誉性、咨询性学术机构，由院士组成，致力于促进工程科学技术事业的发展。作为工程科学技术方面的领军人物，院士们在各自的研究领域具有极高的学术造诣，为我国工程科技事业发展做出了重大的、创造性的成就和贡献。《中国工程院院士文集》既是院士们一生事业成果的凝练，也是他们高尚人格情操的写照。工程院出版史上能够留下这样丰富深刻的一笔，余有荣焉。

　　我向来以为，为中国工程院院士们组织出版《院士文集》之意义，贵在"真善美"三字。他们脚踏实地，放眼未来，自朴实的工程技术升华至引领学术前沿的至高境界，此谓其"真"；他们热爱祖国，提携后进，具有坚定的理想信念和高尚的人格魅力，此谓其"善"；他们治学严谨，著作等身，求真务实，科学创新，此谓其"美"。《院士文集》集真善美于一体，辩而不华，质而不俚，既有"居高声自远"之澹泊意蕴，又有"大济于苍生"之战略胸怀，斯人斯事，斯情斯志，令人阅后难忘。

　　读一本文集，犹如阅读一段院士的"攀登"高峰的人生。让我们翻开《中国工程院院士文集》，进入院士们的学术世界。愿后之览者，亦有感于斯文，体味院士们的学术历程。

徐匡迪

二〇一二年

全集序言

　　20 世纪 70 年代后期，我国的通信网开始模/数转换，当时国内自行研制的 PCM 基群设备和二次群数字复接设备先于国外引进的产品在国内试验并应用，打破了国外的技术封锁。我与孙院士相识也是从那时开始，孙院士在这之前就成功主持了我国第一代散射数字传输系统和第一套 PDH 数字复接设备的研制，我当时负责 PCM 基群复用设备的研制和试验。PCM 基群与 PDH 数字复接设备分属一次群与二次群，在网络上是上下游的关系，我们连续几年一起参加国际电信联盟（ITU）数字网研究组的标准化会议，后来在各自的工作中又有不少的联系，从中了解了他的学识，也学习了他的做人准则。他在通信工程方面有非常丰富的经验，他对通信网的理解、对通信标准的掌握和治学精神的严谨一直为我所敬佩，他勤于思考和积极探索，善于总结和举一反三，乐于诲人和提携后进，与他共事受益不浅。在这之后他又相继研制成功数字用户程控交换机、ISDN 交换机、B-ISDN 交换机及相应的试验网，还主持研制成功接入网和用户驻地网网络平台，并将上述成果应用到专用通信网和民用通信工程中，很多研发工作都是国内首次完成。

　　孙玉院士将研发体会写成著作交由人民邮电出版社出版，他的著作如同他的科技成果一样丰硕，从 20 世纪 80 年代初的《数字复接技术》一书开始，陆续出版了《数字网传输损伤》、*PDH for Telecommunications Network*、《数字网专用技术》《电信网络总体概念讨论》《电信网络安全总体防卫讨论》《应急通信技术总体框架讨论》《数字家庭网络总体技术》《电信网络中的数字方法》和《孙玉院士技术报告文集》，其中《数字复接技术》与《数字网传输损伤》两本书还都出了修订本。这些论著所涉及的领域或视角在当时为国内首次出版。他鼓励我将科研成果也写成书出版，既可将宝贵的经验与同行共享，也是自身对专业认识的深化过程。我写过一本书，深感要写出自己满意且读者认可的书非要下苦功不可。孙玉院士难能可贵的是笔耕三十年，著作十余本，网聚新技术，敢为世人先。这一系列专著覆盖了电信网的诸多方面，每一本既独立成书但又彼此关联，虽然时间跨度几十年，但就像一气呵成那样连贯，这些著作体现了他的一贯风格，概念清晰准确，思路层次分明，理论与实践结合，解读深入浅出。这些论著在写作上以电信网系统工程为主线，突出了总体设计思想和方法，既有严格的电信标准规范，又有创新性的解决方案，学术思想寓于工程应用中，兼具知识性与实用性，不论是对电信工程师还是相关专业的高校师生都不无裨益，在我国电信网的建设中发挥了重要作用。电信网技术演进很快，但这一系列著作所论述的设计思想及方法论对今后网络发展的认识仍有很好的指导意义，人民邮电出版社提议出版孙玉院士著作全集，更便于广大读者对电信网全局和系统性的了解，这是电信界的一件好事，并得到了中国工程院院士文集出版工作的大力支持，我期待这一全集的隆重问世。

中国工程院院士

2017 年 6 月于北京

全集出版前言

1962—1995 年期间，我在科研生产第一线，有幸参加了我国电信技术数字化的全过程。其间根据科研工作进程的需要，也是创建电信网络专业的需要，我逐年编写并出版了一些著作。

1. 专著《数字复接技术》，人民邮电出版社出版，1983 年第一版；1991 年修订版；1994 年翻译版 *PDH for Telecommunication Network*，IPC.Graphics.U.S.A。这是我 1970—1980 年期间，从事复接技术研究的工作总结。其中提出了准同步数字体系（PDH）数字复用设备的国际通用工程设计方法。令我欣慰的是，这本书居然存活了十余年，创造并保持着人民邮电出版社科技专著销量纪录，让我在我国电信技术界建立了广泛的友谊。

2. 编著《数字网传输损伤》，人民邮电出版社出版，1985 年第一版；1991 年修订版。这是我 1970—1980 年期间，出于电信网络总体工程设计需要，参考国际电信联盟（ITU）文献，编写的工具书。为了便于应用，其中澄清了一些有关传输损伤的基本概念。

3. 编著《数字网专用技术》，人民邮电出版社 1988 年出版。这是为我的硕士研究生们编写的专业科普图书，介绍了一些当时出现不久的技术概念和原理。显然，无技术水平可言。

1995 年之后，我退居科研生产第二线，转入技术支持工作。其间，根据当时的技术问题，以及培育学生和理论研究的需要，我逐年编写并出版了一些著作。

4. 编著《数字家庭网络总体技术》，电子工业出版社 2007 年出版。这是我 2006—2009 年期间，受聘国家数字家庭应用示范产业基地（广州）技术顾问，为广州基地编写的培训教材。其中提出了数字家庭第二代产业目标——家庭网络平台和多业务系统，被基地和工信部接受。

5. 专著《电信网络总体概念讨论》，人民邮电出版社 2008 年出版。这是我 2005—2008 年期间，从事电信网络机理研究的总结。在我从事电信科研 30 多年之后发现，电信网络技术作为已经存在 160 多年、支撑着遍布全球电信网络的基础技术，居然尚未澄清电信网络机理分类，而且充满了概念混淆。我试图讨论这些问题。其中，澄清了电信网络的形成背景；电信网络技术分类；电信网络机理分类及其属性分析。但是，当我得出电信网络资源利用效率的数学结论时，竟然与我的物理常识大相径庭。为此，我在全国知名电信学府和研究院所做了 50 多场讲座，主要目的是请同行指点我的理论是否有误。这是我的代表著作，令我遗憾的是，这是一本未竟之作。书名称为 "讨论"，是期盼后生能够接着讨论这个问题。

6. 编著《电信网络安全总体防卫讨论》，人民邮电出版社 2008 年出版。这是 2004—2005 年期间，我在国务院信息办参加解决 "非法插播和电话骚扰问题" 时编写的总结报告，经批准出版。其中提出了网络安全的概念；建议主管部门不要再利用通信卫星广播电视信号；建议国家发射广播卫星；建议国家建设信源定位系统。这本书曾经令同行误认为我懂得网络安全。其实，我仅仅经历了半年时间，参与解决上述特定问题。

7. 编著《应急通信技术总体框架讨论》，人民邮电出版社 2009 年出版。这是 2008—2009 年期间，在汶川地震前后，我参加国家应急通信技术研究时编写的技术报告。希望澄清应急通信总体概念，然后开展科研工作。可惜，我未能参与后续的工作。

8. 编著《电信网络技术中的数学方法》，人民邮电出版社 2017 年出版。我国电信界普遍认为，在电信技术中应用数学方法非常困难，同时，也看到一旦利用数学方法解决了问题，就会取得明显的工程效果。2009 年我曾建议人民邮电出版社出版《电信技术中的数学方法丛书》。所幸，一经提出就得到了人民邮电出版社和电信同仁的广泛支持。本书作为这套丛书的 "靶书"，仅供同行讨论，以寻求编写这套丛书的规范。我认为数学方法对于电信技术的发展和人才的培养具有特殊的意义，我期待着这套丛书出版。

9. 编著《孙玉院士技术报告文集》，人民邮电出版社 2017 年出版。这是我历年技术报告的代表性文本，其中，主要是近年来关于研制和推广应用物联网的相关报告。这些报告多数属于科普报告，主要反映了我对于我国国民经济信息化的期望。

上述著作，出版时间跨越整整 34 年，电信科技内容覆盖了我 50 多年的科研历程。可见，这几本书基本上是一叠陈年旧账。然而，人民邮电出版社决定出版这套全集，也许，他们认为，这套全集大体上能够从电信技术出版业角度，反映出我国电信技术的发展历程；反映出我们这一代电信工程师的工作经历；同时，也反映了与我们同代的电信科技书刊编辑们的奉献。也许，他们认为，作为高技术中的基础学科，电信技术的某些理论和技术成就仍然起着支撑和指导作用。如实而言，不难发现，在我国现实、大量信息系统工程设计中，涉及信息基础设施（电信网络）设计，普遍存在概念性、技术性、机理性甚至常识性错误。我们国家已经走过生存、发展历程，正在走向强大。在我国电信领域，不仅需要加强技术研究（如 "863" 计划），而且需要加强理论研究（如 "973"计划）。期待我国年轻的电信科技精英们，特别是年轻有为的院士们，能够编撰出更好、更多的电信科技著作。

2017 年 6 月于中国电子科技集团公司第 54 研究所

前　　言

　　数字家庭网络技术一直以来都是电信界普遍关注的课题，但是关于数字家庭网络技术及相关产业的认识还未达到明确统一的程度。鉴于数字家庭涉及广泛的社会领域和技术领域；数字家庭网络涉及电信网络技术领域的各个方面，因而研究和讨论数字家庭网络总体技术问题是有现实意义的。

　　我因为一个偶然的机会主持编写了《广东省数字家庭行动计划2007年度技术发展白皮书》，现在把其中的技术内容整理成书，也许能为在数字家庭技术领域从事相关研究的同仁提供参考。

2007 年 5 月于广州

目　　　录

第一章　绪　　论

本章要点

"2006 数字家庭高峰论坛"侧记

　　★ 关于"数字家庭"概念出现的背景

　　★ 关于数字家庭概念的理解

　　★ 关于数字家庭技术的内涵

　　★ 关于发展数字家庭的主要困难

　　★ 关于数字家庭技术的设计原则

　　★ 关于数字家庭的发展策略

　　★ 关于由谁来推动数字家庭的发展

关于本书

　　★ 关于数字家庭的定义

　　★ 数字家庭内容分析

　　★ 数字家庭网络总体框架基本考虑

一、"2006数字家庭高峰论坛"侧记

（一）数字家庭概念出现的背景

人们对家庭环境质量和文化娱乐质量的需求日益增长；在享受分立的电话、电视、计算机、组合音响等各类家用电器的过程中，人们逐渐产生了新的憧憬。

（1）信息服务提供商发现了这个巨大的商机，力图把其内容以更好的方式传送到家庭中；电信运营商在传统垄断和高盈利的美景破灭之后，开始转型（作为信息服务提供商）以图提高盈利。一个公司的负责人这样表示："我们面临的产业机会是什么呢?我们面临的产业机会是两亿个互联屏幕：其一是手机屏幕；其二是计算机屏幕；其三是电视机屏幕。我们发现一个有趣的现象，这三种屏幕在发生互联。这种互联会给消费者带来新的娱乐方式，而且会给产业带来无限的商机。"

（2）电信网络的固定电话机和移动手机已经深入到家庭；广播电视网的广播电视接收机已经深入到家庭；计算机网络的用户计算机也已经深入到家庭，这三种网络在核心网络中的融合已经完成。于是，电信技术界逐渐把研究重点向用户驻地网络方向转移。

（3）已经在家庭普及应用的传统分立家用电器逐步向数字化、智能化和网络化方向发展。

综上所述，在人们的主观需求和社会的客观可能相互匹配之时，便出现了数字家庭的概念。

（二）对数字家庭概念的理解

数字家庭是英特尔公司20年前提出的概念，意指通过数字技术，将电话机、电视机和计算机等数字设备在家庭网络中连接起来，以支持更为完善的家庭服务。而在那之后的20年中，随着科学技术和人们消费观念的改变，数字家庭的概念一再发生着变化，至今没有统一的定义。

下面引用"2006北京数字家庭高峰论坛"上的几个典型看法。

（1）有人把数字家庭描写得非常理想："用户早上一起来使用他的网络，开着装备移动 GPS 的汽车；同用户开视频会议；到办公室通过宽带接入网连接互联网；回到家里可以利用 3G 跟自己的亲戚朋友聊天；睡觉前还可以看一下 IPTV。"

（2）有人则认为："数字家庭是一个发展中的概念。发展数字家庭，如果拘泥于今天的状态做，大概当你推出来时已经没有人用了；今天想很多东西，可能那个东西以后就没有了。数字家庭是一个创新的思维。"

（3）有人认为："数字家庭像是一个旅程，而不是一个终点。其实它是一个不断地向前应用的模式。"

（4）还有人认为："现在大家其实正在享受数字家庭。"

看来，关于数字家庭不但尚未统一定义，而且，对于数字家庭概念的理解也相差悬殊。

（三）数字家庭技术的内涵

鉴于业界对数字家庭的高度重视，国内外许多公司已经进行了相当多的技术研发工作。

有的公司认为：一个家庭的带宽需求可能在未来的 3 年内达到 20Mbit/s 左右。同时，对光纤到节点的带宽要求达到 20Mbit/s；对宽带接入节点的处理能力要求达到 20Gbit/s 以上；对业务汇聚层的带宽要求超过 100Gbit/s；对业务路由的带宽要求达到 200Gbit/s。因此，光纤将向用户延伸，并且在达到经济点时连接电缆；网络智能也将走向经济分布，这是由于如果网络智能太集中，投资成本比较高，而如果太分散，应用成本比较高。

有的公司认为：实现家庭网络物理层功能的是家庭传输系统。选择家庭传输系统的关键因素是成本。

有的公司则认为：家庭网络是数字家庭的基础。实现家庭网络链路层和网络层功能的是复用和寻址设备。选择复用和寻址设备的关键因素是电信网络技术机理及其网络形态。

而有的公司认为：家庭电信网络可以直接支持电信类业务系统。但是支持信息类业务系统的是由计算机系统支持的高层功能，即信息业务平台。在用户层面上，逐步把各种现存的或新型的用户终端接入家庭网络。

在网络层面上，家庭网络通过家庭网络网关接入传输系统，进入公用核心电信网络。家庭网络网关因家庭网络的传输系统不同和家庭网络技术机理不同而有不同方案，接入传输系统因接入环境不同而有不同选择。

还有公司认为：目前家庭网络的功能可能是相当有限的，随后会逐步发展完善，将来可能逐步形成家庭网络、接入网络与公用核心网络的无缝连接，使得各类家庭终端之间实现密切配合，以便有效地支持各类电信业务和信息业务。

（四）发展数字家庭的主要困难

有的公司认为：从技术角度看，现实家用终端的种类太多，而发展数字家庭必须以现实家用终端为基础。如果把这些现实的用户终端连接到一个家庭网络上，从技术上讲是相当困难的。

有的公司则认为：从实业角度看，数字家庭产业的发展需要一个培育期和启动期。如果能很好地渡过的话，数字家庭可能跨进快车道，否则企业将陷入漫长的亏损期。

还有的公司认为：从经济角度看，数字家庭产业价值链缺乏良性的商业模式和分配机制。而中国跨越"诸侯经济"和"关系经济"需要时间。

中国整体经济在持续高速发展，中国信息产业在参与世界竞争。这说明中国的企业家和技术专家有能力在中国这块土地上创造奇迹，当然数字家庭也不例外。

（五）数字家庭技术的设计原则

各个公司提出的数字家庭技术设计原则归纳如下。

- ➢ 保障服务质量：家庭网络支持的各类业务质量，必须保障原来分立业务系统提供的业务质量。
- ➢ 网络资源利用效率比较高：家庭网络的网络资源利用效率，必须比原来分立业务系统的网络资源利用效率更高。
- ➢ 电磁辐射低：家庭网络的电磁辐射强度必须比原来分立业务系统的辐射强度总和要低；必须降低设备相互之间的电磁干扰，以保证设备正常运行及其服务质量。

> 保障信息和网络安全：家庭网络的信息安全必须保障家庭隐私；家庭网络的网络安全必须保障家庭网络不被他人利用、侦测和破坏。
> 成本低：数字家庭的建设成本必须明显低于分别建设单一业务系统成本之和。
> 工程实现简捷：数字家庭的施工必须简单快捷。
> 管理方便：家庭网络的管理必须简单方便。
> 使用简单：家庭网络的使用必须简单。

（六）数字家庭的发展策略

有的公司认为：企业对数字家庭技术需要准备时间；用户对数字家庭效果需要体会时间；数字家庭产业价值链的商业模式和分配机制需要准备时间，因此，数字家庭市场需要培育时间，而这些时间长短难测。这就有商机和风险的问题，抢先可能掌握商机，也可能陷入亏损泥潭。

归纳起来大概有如下 3 类发展策略。

（1）既然数字家庭是发展方向，就立即组织力量全面研发。志在夺取商机，不怕陷入漫长的亏损泥潭。显然，这种策略适于财力特别雄厚的集团公司。

（2）承认数字家庭是发展方向，待调查研究清楚后再动手也不迟。显然，这种策略适于智力特别雄厚的集团公司。

（3）基于现实，持续提升策略。现在就动手，面向现实特定家庭电子系统，逐步提升特定业务系统功能和性能；逐步建立和完善家庭网络；逐步建立和扩展数字家庭市场；由点到面，逐步推动消费类电子产业发展。有人强调从"家庭娱乐"或"家庭控制"入手；也有人强调从"三块屏幕（手机、PC、TV 屏幕）"入手；也可以从"家庭电信网络"或"家庭计算机网络"入手。

关于数字家庭的发展，业界普遍认为需要一个过程；数字家庭整个建设和运营需要分步实施，包括业务层面、网络层面、家庭网络层面、终端业务层面、业务内容层面和标准层面都需要有一个组织和准备的过程。

有人提出数字家庭的进度策略：第一阶段（2007 年以前）逐步实

现局部创新；第二阶段（2007—2010 年）逐步实现设备互联，逐步实现标准兼容；第三阶段（2010 年以后）实现内外协同的应用，实现完整的数字家庭概念和整体创新。

还有人提出数字家庭的内容策略：第一，数字家庭的应用应该从局部开始，目前比较现实的是从家庭娱乐开始；第二，满足新经济时代人们对多样性、专业性和个性化的需求；第三，广泛的和宽带供应商及产业链合作。

（七）由谁来推动数字家庭的发展

由谁来推动数字家庭的发展，目前有以下几种说法。

➤ 运营商最适合成为数字家庭的推动者。

➤ 房地产商适于成为数字家庭的推动者。

➤ 有实力的大公司在推动数字家庭。

➤ 闪联在推动中国的数字家庭。

➤ e 家佳在推动中国的数字家庭。

➤ 数字家庭很难由一个厂商来推动。原因是数字家庭将来要达到一个比较美好的愿景，必须是由产业链上的各个厂商共同携手打造的。

➤ 政府可以推动数字家庭。例如，广东省政府提出了《数字家庭行动计划》。

二、关于本书

（一）数字家庭的定义

美国国际数字集团（IDG）关于数字家庭的定义是：数字家庭是利用通信、电视和计算机等数字技术，把家庭中的各种通信设备、计算机设备、电视设备和安防设备等，通过家庭网络连接在一起，进行监视、控制与管理的智能家庭网络。

显然，上述定义仅是一个笼统的概念，还未被广泛接受。但是，它可以作为数字家庭技术发展过程中的一个参考概念。

（二）数字家庭的内容分析

尽管数字家庭尚未形成统一的明确定义，但是数字家庭包含的内容大体还是明确的。数字家庭包括家庭数字信息设施和家庭数字信息应用。

早期的电信网络结构如图 1-1 所示。

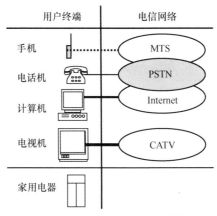

图 1-1　早期的电信网络结构

现代电信网络结构如图 1-2 所示。

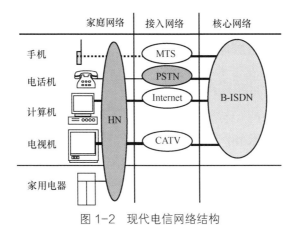

图 1-2　现代电信网络结构

家庭数字信息设施包括所有深入到家庭的电气设施，如电信网络及其用户终端、计算机系统及其用户终端、广播电视网络及其用户终端、移动电信网络及其用户终端、家用电器及其控制网络、数字家庭网络及其管理设备。

家庭数字信息应用包括所有存在于家庭的信息应用，如通信、办公、娱乐和安防。其中，通信类应用利用电信网络资源支持信息传递；办公类应用利用计算机网络资源支持信息检索和处理；娱乐类应用利用广播电视网络资源支持信息获取和信息交互；安防类应用利用各类网络资源支持家庭安全。

可见，家庭数字信息设施和家庭数字信息应用分别属于不同的社会领域，家庭数字信息设施属于自然科技领域；家庭数字信息应用属于社会人文领域。所以，由技术专家或人文学者各自包揽整体数字家庭规划都是不妥当的。其中，科技领域应当而且只能解决数字家庭的数字信息设施方面的问题。因此，国际上现实存在的数字家庭标准化组织，普遍是由电子领域的专家组成的，他们规划数字家庭的家庭数字信息设施。

在家庭数字信息设施中，信息基础设施和家用电器两部分的技术差异和需求程度不一，研究进展也大不相同。中国通信标准化协会（CCSA）目前集中研究基于电信网络的家庭网络标准制订的总体考虑。本书内容也只是介绍基于电信网络的家庭网络技术的总体规划。

（三）数字家庭网络总体框架的基本考虑

数字家庭技术发展演变的基础是社会形态的发展演变。我国现实社会是少数人已经富裕起来了，多数人正在奔向小康；我国经济状况是东南地区相对富裕，西北地区相对贫困。这就决定了我国社会对于数字家庭的需求将长期保持多样性。技术必须适应产业，产业必须适应社会。因此，数字家庭技术和产业也将长期保持多样性。

可见，数字家庭技术总体框架必须满足数字家庭技术和产业的多样性需求。为了能够更好地介绍数字家庭技术，本书将包含以下几个方面的内容。

> ➤ 国内外高层专家对数字家庭的看法。
> ➤ 国内外数字家庭标准化组织概况。
> ➤ 有关数字家庭的电信网络总体技术。
> ➤ 有关数字家庭的接入网络总体技术。
> ➤ 有关数字家庭的网络管理总体技术。

> ➤ 有关数字家庭的网络安全总体技术。
> ➤ 有关数字家庭的广播电视网总体技术。
> ➤ 数字家庭网络总体技术。
> ➤ 数字家庭业务系统参考示例。
> ➤ 我国数字家庭网络技术标准研究进展。
> ➤ 数字家庭网络技术预研项目。

任何技术的发展总是遵循一个基本规律：现实技术总是在原有基础之上发展的；现实技术总是发展出更新的技术。因此，编写任何技术文献总会出现两类技术困难：其一，对于原有技术基础未说清楚；其二，对于更新的技术未说明白。本书的基本考虑是，侧重解决前者难题，尽可能地讨论清楚各项有关基础技术，以求把现实的技术和将来的新技术置于尽可能坚实的基础之上，以避免重复出现概念性和常识性错误。关于后者，本书将尽力而为。对于将来随时可能出现的新技术和新应用，后续文献自然会逐步补充。

第二章　国内外数字家庭标准化组织概况

本章要点

★ 数字生活网络联盟（DLNA）

★ 通用即插即用（UPnP）论坛

★ 欧洲电信标准化组织（ETSI）

★ 能量保存和家庭网络（ECHONET）协会

★ 国际电信联盟电信标准化部门第九研究组（SG9/ITU-T）

★ 泛开发平台论坛（UOPF）

★ 开放业务网关倡议（OSGI）

★ 闪联（IGRS）

★ e 家佳（ITopHome）

一、数字生活网络联盟（DLNA）

（一）组织概况

数字生活网络联盟（Digital Living Network Alliance, DLNA）原名 DHWG（数字家庭工作组），成立于 2003 年 6 月。DLNA 包括 HP、IBM、Intel、NEC、Microsoft、Nokia、Sony 等 17 家发起成员。2004 年更名为数字生活网络联盟（DLNA）。DLNA 是一个主要由消费电子、计算机工业和移动设备公司组成的跨行业的组织，是目前现有的家庭网络标准化组织中成员最多的一个。DLNA 其成员中约有半数来自美洲，约 1/3 来自亚洲。

（二）涉及领域

DLNA 主要涉及家庭影音娱乐等业务应用方面。

DLNA 主要是推动设备兼容性的一个标准化组织，并不为家庭网络开发具体的通信技术和协议，它仅从已有或正在开发中的规范进行选取和限定，发布产品互通设计指导，从而达到不同产品间互通的目标。

DLAN 的目标是建立一个基于现有标准的不同设备的互操作的平台，以达到不同领域的家用设备之间的无缝协同。通过发布技术设计指导，使得遵循它的公司的产品可以通过有线或无线网络共享内容。

除了平台和技术指南，DLNA 已有计划地推出产品的认证流程，来保证可以实现产品互通，最终使得消费者与制造商共同受益。其工作目标是根据开放工业标准制订媒体格式、传输协议、互操作性的指南和规范，和其他工业标准化组织进行联络，提供互操作性测试，并进行数字家庭市场计划的制订和实施。

目前，DLNA 正在积极推动其认证计划和 DLNA 互操作性测试。

（三）发布标准

DLNA 已经发布了《家庭网络设备互操作性指南的 1.0 版》（DLNA Home Networked Device Interoperability Guidelines v1.0）。2005 年 3 月

28 日，还在中国举行了一次关于该指南以及 DLNA 组织的研讨会。

1.0 版主要侧重于在网络家电设备、家用计算机和移动设备之间实现互操作性，以支持涵盖图片、视频和音频等多媒体应用。从 1.0 版来看，DLNA 目前的领域还比较狭窄，主要集中于设备互操作性的支持。对于家庭控制、家庭管理、服务质量、安全、版权保护、网络通信等很多家庭网络领域都没有考虑。

图 2-1 是 DLNA 标准的框架。从图中可以看出，DLNA 的标准涉及家庭网络的物理网络协议、基础网络协议、媒体传输协议、设备自动发现和控制、数字媒体格式以及数字媒体版权管理和内容保护等方面。当然，DLNA 原则上不制订自己的标准而是借用其他标准化组织的既有成果，它的核心是开放、公平和互操作。

图 2-1　DLNA 标准框架

二、通用即插即用（UPnP）论坛

（一）组织概况

通用即插即用（Universal Plug and Play，UPnP）论坛组建于 1999

年 10 月 18 日，是由微软、Intel 等公司发起组织的，旨在实现计算设备间的相互发现和控制，提供一个免费的国际标准。到目前为止，该组织已经拥有 711 家独立的公司，包括消费电子、计算机、家庭自动化及安全、家电、计算机网络和移动设备等领域的顶级供应商，其核心成员是 Sony、Cannon、Samsung、LG、TCL（Thomson）、Nokia、Panasonic、Siemens、IBM、HP、Intel 等 19 家公司，中国的成员包括方正、联想、海信、同方、华为等公司。UPnP 论坛的成员无需缴纳会员费，而且其成员都可以免费使用 UPnP 技术。

（二）涉及领域

UPnP 论坛专注于定义和出版 UPnP 设备和服务的规范，这些规范使得家庭网络和公司网络中的各种设备可以更容易地互相连接，简化家庭网络的实现。

因为 UPnP 技术在传输层以上和应用层以下，所以与具体的物理接入手段和应用无关。为了拓展 UPnP 在家电控制、网络接入、自动控制和 WLAN 等领域的应用，相继成立了 WLAN Access Point、HAVC（White machine control）、Internet Gateway、Device Security、QoS、Light Control、Scanner External Activities、Printer Device 和 Remote U/I 等子工作组。

UPnP 是面向易用性设计的数字家庭（DLNA）网络协议集的核心部分，是设备连入数字家庭网络的最普遍的方式，是设备通过数字家庭网络通信的公共协议。

UPnP 是一种能够自动发现、配置和控制设备，并且建立在 IP 网络基础上的网络协议。它旨在实现计算设备间的相互发现和控制，并提供一个免费的国际标准。UPnP 实际上并不是专门针对家庭网络的组织，它所能提供的设备间互操作机制可以应用到很多计算设备的简单控制上。

（三）发布标准

UPnP 已经发布了通用即插即用协议，它建立在 IP 网络的基础上，能够自动发现、配置和控制设备。

三、欧洲电信标准化组织（ETSI）

欧洲电信标准化组织（ETSI）是由欧共体委员会于 1988 年批准建立的一个非营利性的电信标准化组织，总部设在法国南部的尼斯。该协会的宗旨是：为实现统一的欧洲电信大市场，及时制订高质量的电信标准，以促进电信基础结构的综合，确保网络和业务的协调，确保适应未来电信业务的接口，以达到终端设备的统一，为开放和建立新的电信业务提供技术基础，并为世界电信标准的制定做出贡献。ETSI 作为一个被欧洲标准化协会（CEN）和欧洲邮电主管部门会议（CEPT）认可的电信标准协会，其制订的推荐性标准常被欧共体作为欧洲法规的技术基础采用并被要求执行。ETSI 的标准化领域主要是电信业，还涉及与其他组织合作的信息及广播技术领域。ETSI 虽然成立时间不长，但由于其运作符合电信市场需要，工作效率高，至今已有 2600 多项标准和技术报告发布，对统一欧洲电信市场，对欧洲乃至世界范围的电信标准的制定起着重要的推动作用。ETSI 的工作程序建立在 ITU 等国际标准化组织活动准则的基础上，并与之相协调。

四、能量保存和家庭网络（ECHONET）协会

（一）组织概况

能量保存和家庭网络（Energy Conservation and Homecare Network，ECHONET）协会成立于 1997 年，它是在家庭监控应用方面具有代表性的标准化组织。

（二）涉及领域

ECHONET 的主要目标是开发标准化的家庭网络标准规格，并应用到家庭能源管理、居家医疗保健等。ECHONET 的家庭网络架构由ECHONET 控制装置、ECHONET Router 和 ECHONET 机器设备构成，采用无线方式或电力线方式连接家中的空调、冰箱、照明器具、保安传感器和家庭医疗设备的网络。

ECHONET 组织认为目前家庭网络无法广泛推广的一个原因是在家庭中重新布线的成本较高。因此，该组织开发的标准体系对于设备的物理互联没有特殊规定，希望可以应用于已存在的家庭布线系统中，并可以广泛适用于各种设备。

（三）发布标准

ECHONET 已经发布了关于家庭网关及应用的标准——ECHONET Specification Ver2.11。该标准主要实现家庭监控应用。

五、国际电信联盟电信标准化部门第九研究组（SG9/ITU-T）

（一）组织概况

ITU-T 作为电信领域的全球标准化组织，其在家庭方面涉及的业务和应用主要是基于电信网（含 Internet）的业务和应用。ITU-T 的第 9 研究组负责开展家庭网络的研究工作。

（二）涉及领域

2004 年 6 月在日本东京开展了以家庭网络和家庭业务为主题的工作会议。本次会议提供了对家庭网络方面的互通、性能、QoS 和安全等技术和标准的检验。为了明确将来标准化的方向，该会议对家庭网络方面已有的技术进行了回顾。主要的议题集中在家庭网络的技术和业务方面，这些技术主要包括用户驻地方面的，比如 LAN、Wi-Fi、HomePNA、同轴和光纤技术，也包括对接入技术的，比如 DSL、CATV 和卫星等的回顾。

（三）发布标准

ITU-T 已经发布了 J.190 "Architecture of MediaHomeNet That Supports Cable Based Services"，该建议主要规定基于 Cable 网络的家庭网络的架构。更一般的通用家庭网络的规范正在研究进行之中。

六、泛开放平台论坛（UOPF）

（一）组织概况

泛开放平台论坛（Ubiquitous Open Platform Forum，UOPF）即泛开放平台论坛，是 2004 年 2 月 11 日由日本的松下、Sony、NEC、东芝、三菱、三洋、先锋、日立等 10 家电子厂商和 NTT 等 4 家互联网服务商发起成立的，它是一个借助 IPv6 推进网络家电互联互通的业界组织。到 2005 年 4 月 1 日成员已达 53 家。

（二）涉及领域

UOPF 的目标是制订通过家庭内部网络及互联网等实现数字家电互联的标准，让任何使用者都能简易操作连接到宽带网络的数字家电。

该组织是由 NTT 牵头的，NTT 在此之前制订了一个实现网络家电即插即用的协议——m2m-x。UOPF 与 DLNA 的部分目标是重合的，但显然 UOPF 更专注于家电互联互通方面。

UOPF 正在加紧制订用来实现不同厂商的设备之间的互联、通信对象的检索、电子商务领域采用的资费结算和用户认证等目的的标准与指南。具体的目标包括如下。

（1）简单设定：无需复杂的设定程序，即可连接宽带网络。

（2）网络付款机制：可简易、安全地通过网络支付内容服务等费用。

（3）即时连接：可随时在网络上安全、简易地连接不同规范的数字家电产品。

（三）发布标准

（1）NTT 制订的网络家电即插即用的协议——m2m-x；

（2）制订了《用于可视通信的政策控制标准》等 8 个标准；

（3）针对家电领域，扩展 IP 电话使用的 SIP（会话发起协议）；

（4）制订了《面向家电远程控制的框架标准》等 4 个标准。

七、开放业务网关倡议（OSGI）

开放业务网关倡议（Open Services Gateway Initiative，OSGI）于 1999 年 3 月成立，由 IBM 发起，现有成员 40 多个。最初，OSGI 的目标是带有家庭自动化应用的住宅互联网网关。现在应用领域扩展到数字移动电话、汽车（BMW 的 X5 系列）、信息通信业务、嵌入式电器、家庭网关、工业计算机台式计算机和高端服务器。

八、闪联（IGRS）

（一）组织概况

2003 年 7 月 17 日，由信息产业部科技司批准，联想、TCL、康佳、海信、长城 5 家企业发起，7 家单位共同参与的闪联（信息设备资源共享协同服务，IGRS）标准工作组（简称 IGRS 标准工作组）正式成立，这 12 家单位将共同制定相应的协议规范。目前，该组织共有成员 21 家，包括中国电信、中兴、华为等通信企业。同时，闪联新成员已经扩展到中国台湾地区、日本、韩国、美国和以色列的一些知名公司，如意法半导体（STMicroelectronics）、全球最大的音频芯片厂商中国台湾的骅讯电子、韩国 LG 电子以及相关美国半导体厂商等，这些大公司的加入，将加速推进闪联在亚洲乃至全球的影响力。

（二）涉及领域

闪联将家庭内的个人计算机、打印机、组合音响、PDA、手机、数字投影仪，甚至冰箱、电灯、窗帘等设备，通过内置"信息设备资源共享协同服务"协议的无线智慧显示器，实现遥控功能。

（三）大事记

（1）2002 年 11 月 25 日，信息产业部科技司召集国内各界权威专家在北京召开了信息设备资源共享协同服务标准研讨会，会上就联想、TCL、康佳、海信和长城 5 家企业提出的"信息设备资源共享协同服务"

的科学性和必要性进行了研讨。与会专家一致认为，该协议已基本具备了在信息产业部立项的条件。

（2）2003 年 7 月 10 日，由信息产业部科技司批准，由联想、TCL、康佳、海信、长城等 12 家国内业界有代表性的高科技信息企业发起，由信息产业部科学技术司主导的 IGRS 标准标准组正式成立。标准工作组的工作任务是制定"信息设备资源共享协同服务"的标准，该标准在有限范围内（无线/有线网络域），支持多种信息设备之间的智能互联、资源共享和协同服务，从而提高这些设备间的互操作性和易用性，丰富应用模式。

（3）2003 年 7 月 17 日，IGRS 标准工作组举行媒体见面会宣布 IGRS 标准工作组成立。同时，发布闪联品牌。今后所有带有闪联品牌标识的产品都将嵌入 IGRS 协议，实现信息设备间的智能互联、资源共享和协同服务。信息产业部副部长娄勤俭在 IGRS 标准组织成立大会上的讲话中指出："技术标准已成为经济全球化竞争的重要手段。IGRS 标准制订工作标志着中国企业在贯彻中国国家标准战略方面有了新的认识和行动，并开始重视和运用技术标准手段增强企业的联合和市场竞争力。"

（4）2003 年 7 月 31 日，IGRS 标准工作组在北京召开第一次工作会议。各会员企业的负责人作为企业代表参加了本次会议。会议主要明确了工作组的工作计划和时间表。本次会议依据组织结构确定了各会员企业的分工，并按照 IGRS 标准的技术构成划分为不同的技术组和相关负责人。本次会议还对 IGRS 将有可能涉及的知识产权问题进行了初步研讨，根据会议结论，各技术组将尽快在会后制订详细的年度工作计划。

（5）2003 年 10 月 23～24 日，IGRS 标准工作组在青岛召开第二次工作会议。会议分为技术和运作两个部分。在技术会议部分，对基础协议的研讨确定了 IGRS 标准 0.5 版本，并认可了设备和服务发现机制的总体架构，为下一步的深入开发打下了坚实的基础。运作部分的会议延续了第一次工作组会议关于知识产权问题的研讨，明确了 IGRS 标准在知识产权方面的工作准则和保密原则，使未来的知识产权保护有了一个良好的开端。为配合下一步 IGRS 产品的上市宣传，会议还确定将举办一个全体成员参与的产品集中展示。

（6）2003 年 10 月 6 日和 2004 年 1 月 9 日，IGRS 标准工作组与国际相关标准组织 DHWG 就两个标准组织开展合作进行积极的、富有成效的研讨。在东京会议和拉斯维加斯会议上，双方就标准的知识产权管理、技术框架、市场运作等方面的内容进行细致的研讨，并且取得了进一步的共识。中国企业在信产部科技司的领导下自主制订标准的同时在国内相关标准之间进行交流合作，并且参与到国际标准的制定当中，这对于发展我国信息产业，提高企业自身竞争力和自主创新能力非常重要。

（7）2004 年 1 月，实现测试验证系统链条成功并发布样机及系列产品。2004 年 3 月，向信息产业部正式提交标准 1.0 版本。闪联标准是中国自主研发的 3C（Computer，Consumer electronics & Communication devices）融合应用标准，于 2005 年 6 月 29 日正式被批准为国家标准。

（8）2005 年 12 月，闪联组建实体公司，新公司名称为闪联信息技术工程中心有限公司。原闪联标准组组长孙育宁出任 CEO，并兼任联想集团副总裁职位。

（9）2004 年 6 月 18 日，IGRS 标准工作组、日本 ECHONET 协会和韩国家庭网络论坛在韩国共同召开中日韩三国家庭网络标准化国际研讨会。三方交换了家庭网络标准推进战略的相关信息，并对家庭网络的发展趋势以及中日韩三国的家庭网络标准的合作进行了深入的探讨。三方共同认识到了家庭网络技术标准所需的国际合作的重要性，为了在家庭网络标准化研究活动中相互合作和共同发展，三方共同签署了《韩国家庭网络论坛、日本 ECHONET 协会及中国 IGRS 间的谅解备忘录》。三方间的合作以信息和人力资源交流为主，在家庭网络领域，促进标准国际化合作。主要包括定期的信息及人员交流、共同建立标准国际化合作体系、轮流召开家庭网络标准化论坛等方面的内容。

（四）发布标准

2004 年年初正式提交《信息设备资源共享协调服务协议标准 1.0 版》协议文本。该标准主要是在有限范围网络域（有线、无线）内，支持多种信息设备、家用电器、通信设备之间的设备自动发现、动态组网、资源共享和协同服务。实际上，闪联的 1.0 版标准主要是解决了智能互联的问题，资源共享和智能应用仍有待于进一步研究。

九、e 家佳（ITopHome）

（一）组织概况

2004 年 7 月 25 日，由海尔集团领衔，中国网通、清华同方、上海广电、春兰集团、长城、上海贝岭等 7 家厂商共同发起组建家庭网络标准产业联盟（e 家佳，ITopHome）。目前已有会员单位 244 家。

（二）涉及领域

e 家佳以家庭网络系统为中心，包括电子、家电、通信、计算机、网络运营等多领域企业，共同探索家庭网络商业运作模式，为家庭网络技术发展方向及产业的可持续发展提供产业环境。

e 家佳联盟所依据的标准，是 1999 年原国家经贸委和信产部组织成立的家庭网络信息化网络系统体系结构及产品开发平台。工作组研发的成果涵盖了家庭网络主干网通信协议规范、家庭网络系统体系结构及参考模型、家庭网络控制子网通信协议规范、家庭网络控制子网一致性测试规范等一系列共 6 项标准。通过网关实现与外部公众网络的数据交互，将通信、娱乐、电气控制、三表远传、安防报警等多种任务融合在同一个家庭网络平台中。

联盟的主要工作包括以下几个方面。

（1）标准制订：以联盟成员单位的技术方案为主体，按照技术进步的规律不断补充、完善家庭网络系统系列标准，保证技术标准的先进性，积极参与国家标准组织的活动并争取将中国的家庭网络标准纳入到国际相关标准体系中。

（2）市场推广：组织联盟单位组成市场联盟，共同开拓区域和行业市场，制定市场战略及策略，探索家庭网络系统推广的商业模式，组织联盟成员单位参加国内外家庭网络系统相关技术及标准活动，并在适当时机向国际标准化组织推荐中国的家庭网络系统标准。定期参加展览、展示活动，以推介标准协议和产品的集成方案。利用多种媒体手段提供信息服务。

（3）课题组织和培训：组织联盟成员围绕产业链中的相关课题进行专题研讨和学术交流，申请相关课题项目，并通过课题经费及项目政策实现产业化目标。面向社会培训从事家庭网络系统研发的技术人员，促进家庭网络系统的普及与应用。

（4）产品测试和认证：组织技术专家对系统的开放性和协议的一致性进行咨询、测评服务。搭建相关的测试平台，开展协议符合性测试和认证工作，为家庭网络系统相关产品实现互联互通提供服务。

（三）大事记

（1）2004 年 7 月，e 家佳展示首台家庭多媒体中心。

（2）2004 年 12 月，e 家佳参与中国泛网论坛高峰对话。

（3）2005 年 9 月，e 家佳参加了"2005 中国音视频产业技术与应用趋势论坛"。

（4）2005 年 10 月，e 家佳加入广东省数字家庭行动计划。

（5）2005 年 12 月，e 家佳召开 2005 年度峰会，启动产业化新标识。

（6）2006 年 2 月 2 日，e 家佳联盟作为中国唯一联盟标准组织代表，参加了由国际化标准组织（ISO）、国际电工委员会（IEC）、国际电信联盟（ITU）在瑞士日内瓦国际会议中心举行的家庭数码技术（Digital Technologies In the Home）大会。本次会议邀请了全球 20 个在家庭数码技术方面有重要影响的工业集团和相关联盟标准组织参加。此次大会上，e 家佳联盟代表介绍了在中国该领域内的标准制订、产品开发及产业化推进情况。

（四）发布标准

1999 年原国家经贸委和信产部组织成立的家庭网络信息化网络系统体系结构及产品开发平台工作组共有如下 7 项研发成果，其中有 6 个标准。

（1）《家庭网络主干网通信协议规范》。

（2）《家庭网络系统体系结构》。

（3）《家庭网络系统体系参考模型》。

（4）《家庭网络控制子网通信协议规范》。

（5）《家庭网络控制子网一致性测试规范》。

（6）《家庭网关通用规范》（2005 年 12 月 29 日）。

（7）《数字家庭控制中心》（2006 年 1 月）。

e 家佳数字家庭控制中心以智能控制和家庭娱乐为核心功能，确定了数字家庭的解决方案。基于 e 家佳标准的智能控制功能使该产品与家电、可视对讲、灯光窗帘等家庭设施均能够实现无线互联，将客厅上升为数字家庭的中央控制室及家庭娱乐中心。坐在电视机前的沙发上，用遥控器控制"速启梦"，通过超大屏幕的液晶电视，就可以随心所欲地操作空调、热水器、洗衣机、灯光甚至窗帘的开关及其他操作；电视节目的预约、录制和平移；网页浏览、高速下载、在线视频，网络游戏和聊天等网络功能。e 家佳数字家庭控制中心完全基于 2005 年 6 月信产部所批准的 e 家佳标准，因此，只要符合 e 家佳标准的产品通过数字家庭集中控制中心均能够互联互通。家庭内设施不仅能实现信息共享，而且可以通过因特网、手机短信实现远程控制，e 家佳用户不仅能在客厅电视屏幕上欣赏书房计算机里存储的音乐、照片、电影等数据，还可以在家庭以外，比如在办公室里预约电视节目、自动洗衣、预热洗澡水、家庭布防监控等。

第三章　有关数字家庭的电信网络总体技术

本章要点

★ 电信网络基本概念

★ 电信网络的产生和分类

★ 电信网络的服务质量

★ 网络资源利用效率

★ 电信技术应用和发展的指导思想

★ 电信技术和网络形态优劣判断

★ GII 网络形态讨论

一、电信网络基本概念

（一）电信系统

电信系统是传递信号的设施整体，由电信网络和用户终端组成。其中，电信网络是电信系统的公用设施；用户终端是电信系统中与电信业务相关的用户设备。电信系统示意图如图 3-1 所示。主体表示电信网络；外围设备表示用户终端；它们的分界线是用户/网络接口。电信系统支持的从用户终端到用户终端（简称端到端）的电信业务称为用户终端业务；电信网络支持的从用户/网络接口到用户/网络接口的电信业务称为承载业务。

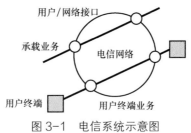

图 3-1 电信系统示意图

（二）信息系统

信息系统是传递和处理信号的设施整体，由信息基础设施和信息业务系统组成，如图 3-2 所示。信息基础设施是信息系统的公用设施；信息业务系统是信息系统有关信息业务的设施。

信息基础设施的功能结构如图 3-3 所示。信息基础设施分为执行信息传递功能的设施和执行信息处理功能的设施两部分。显然，前者就是电信网络，后者就是计算机系统。可以说，信息基础设施是由电信网络和计算机系统组成的。电信网络功能部分包括传递功能和控制（寻址）功能。电信参考点（电信网络平台）除了支持计算机功能之外，还能够直接支持信息传递（电信）业务。计算机系统功能部分包括人—机接口功能、处理存储功能、基本件功能和中间件功能。应用程序接口（计算机平台）直接支持信息处理（计算机）业务。

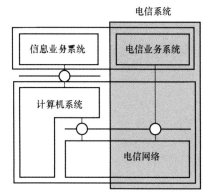

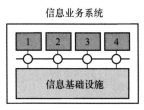

图 3-2　信息系统框图　　　　　　图 3-3　信息基础设施的功能结构

（三）电信网络

电信网络是指在两个或多个规定的点间提供连接，以便在这些点间建立电信业务的节点与链路的集合。

最简单的连接称为连接单元，连接单元由一个或多个彼此串联的传输系统、一对复用设备和两个寻址设备组成，如图 3-4 所示。

> 链路（Link）——两点之间具有规定特性的传输手段。这种传输手段是由传输系统与复接设备串接而成的。

> 节点（Node）——链路的互连点。这种互连点可能是交换机、交叉连接设备和复接器。

> 连接（Connection）——承担特定电信业务的节点与链路的串接。通常是交换机、复接器和传输系统的串接。连接单元中包含节点设备和传输系统，节点设备是指寻址设备和复用设备；多个节点设备通过传输系统互联，形成电信网络。多个连接单元串联形成实际使用的连接，因此，连接单元是支持电信业务的基本形态。

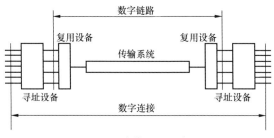

图 3-4　连接单元示意图

（四）电信网络技术分类

连接单元是电信网络支持电信业务的基本形态，也是电信网络技术分类的基础。数字连接的物理结构和工作机理如图 3-5 所示。

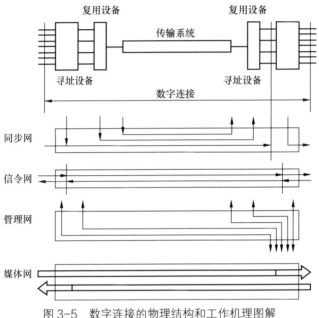

图 3-5　数字连接的物理结构和工作机理图解

最简单的数字连接由传输系统、复用设备和寻址设备串联组成。数字连接作为媒体网络传递电信业务信号的主通道，必须在支持网络的帮助下才能完成传递功能。

公用交换电话网（PSTN）的支持网络由同步网、信令系统和管理网组成。其中，同步网支持整个电信网络同步功能，包括传输同步系统、复接同步系统和交换同步系统；信令系统支持用户对电信网络的实时寻址控制功能，包括局间信令系统和用户信令系统；网络管理网支持配置管理功能、性能管理功能、故障管理功能、安全管理功能和计费管理功能。

综上所述，电信网络基本技术分为基本硬技术和基本软技术两类。其中，基本硬技术包括传输技术、复用技术和寻址技术；基本软技术包括同步技术、信令技术和网络管理技术。归纳起来，电信网络基本技术分类见表 3-1。

表 3-1　　　　　　　　　　　　电信网络基本技术分类

基本软技术＼基本硬技术	传输技术	复用技术	寻址技术
同步技术	传输同步	复用同步	寻址同步
信令技术			寻址信令
管理技术	传输管理	复用管理	寻址管理

（五）电信网络的物理结构

电信网络的物理结构是指电信网络的物理构成及其与外界的物理关系。电信系统分为用户驻地网、接入网/本地网和核心网。其中，用户驻地网就是早期的用户终端设备；接入网/本地网和核心网就是通常所说的电信网络。

电信网络的物理结构如图 3-6 所示。其中，XNI 接口是本地网与用户驻地网（或用户设备）之间的标准接口；SNI 接口是本地网与核心网之间的标准接口（SNI_{CN}），也是本地网与业务提供者之间的标准接口（SNI_{SN}）；Qn 接口是本地网与管理网之间的标准接口；Ln 接口是本地网与本地网之间的标准接口。

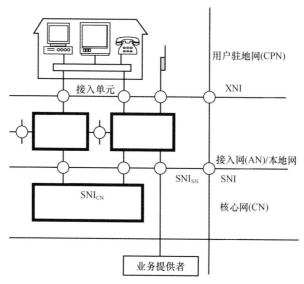

图 3-6　电信网络的物理结构

此处"接入网/本地网"表示，因应用目的不同，有时称为接入网，有时称为本地网。接入网不包括本地交换机，用于讨论接入传输问题；本地网包括本地交换机，用于讨论技术体制问题。

（六）电信网络功能结构

电信网络功能结构是指电信网络内部功能模块的划分及各个功能模块之间的相互关系。

图 3-7　电信网络基本功能模型

在电信技术领域中，根据不同的应用目的，已经构造了很多不同的功能结构模型。有的用平面表示，有的用立体表示，有的用三层三面表示，有的用多层多面表示。电信网络基本功能模型如图 3-7 所示。

（七）电信网络拓扑结构

电信网络拓扑结构如图 3-8 所示，表示电信网络传递路由，包括以下几个部分。

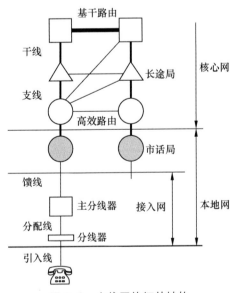

图 3-8　电信网络拓扑结构

> ➤ 电信网络结构层次。
> ➤ 核心网中中转交换局（长途局）配置。
> ➤ 核心网中基干路由配置。
> ➤ 核心网中高效路由配置。
> ➤ 本地网本地交换局（市话局）配置。
> ➤ 接入网中主分线器和次分线器配置等。

（八）电信网络工程要素

电信网络的基本要素包括使用要求、电信业务、基础环境、设计目标、实现技术、网络形态和建设成本，它们之间的关系如图 3-9 所示。

电信业务、基础环境和设计目标是根据使用要求和建设成本导出的电信网络设计依据；它们共同约束技术体系选择；电信业务、基础环境、设计目标和技术体系共同构成了网络形态。

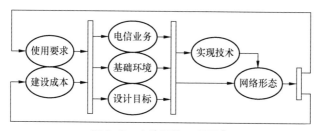

图 3-9　电信网络工程要素

实现技术是工程要素中最活跃的要素，它受制于电信业务、基础环境和设计目标，基本上决定了网络形态满足使用要求的程度和建设成本的高低；网络形态是电信网络工程建设的结果，也是电信网络工程行为的最终评价，评价是否满足使用要求以及是否符合建设成本约束。

（九）工程要素在各类电信行为中的位置

1. 概念研究

讨论使用要求、电信业务、基础环境、设计目标、实现技术、网络形态及建设成本互相之间的基本关系。概念研究通常是总体研究所的工作内容。

2. 应用研究

讨论使用要求与电信业务、基础环境、设计目标、实现技术、网络形态及建设成本等基本要素之间的关系。应用研究通常是使用部门的工作内容。

3. 基础研究

讨论实现技术与使用要求、电信业务、基础环境、设计目标、网络形态及建设成本等基本要素之间的基本关系。基础研究通常是基础技术和大学研究所的工作内容。

4. 工程设计

工程设计包括顶层设计、工程设计和系统集成设计。工程设计根据概念研究结果、应用研究结果（使用要求）、整机现实成就和现实标准，集成系统方案。工程设计通常是专业设计院的工作。

5. 整机研制

整机研制包括专题研究、整机研制和系统集成。整机研制根据概念研究结果、基础研究成果、应用研究结果和现实标准，研制出新的电信系统。整机研制通常是整机和系统研究所的工作内容。

6. 设备生产

设备生产是根据应用需求、工程设计、现实整机和现实标准，批量生产系统设备。设备生产是工厂的任务。

7. 标准研究与制订

标准研究与制订是根据工程应用、工程设计、整机研制、系统集成和原有标准，研究与制订新的标准。标准研究与制订通常由权威研究所、大设备制造公司、大电信运营公司、代表国家的授权部门、权威行会、地区和国际标准化组织共同承担。

8. 电信网络建设

电信网络建设根据电信运营公司的使用要求和成本限制、工程设计方案、工厂生产的系统设备、现实标准，建设电信网络。电信网络建设通常由有资格的专业公司承担。

9. 电信网络运营

电信网络运营以基础环境、网络形态、实现技术和建设成本为参变量，以电信业务为自变量，实现设计目标。电信网络运营通常是由国家政府主管，授权公司经营。

二、电信网络的产生和分类

（一）基本电信系统

1. 概念和分类

基本电信系统是由用户终端和传输系统组成的，它完成点到点通信。这类系统目前仍在广泛应用。即使通过电信网络为一对用户服务，最终实际应用的也是一个基本电信系统。

基本电信系统中的传输方式包含单向传输、半双向传输、对称双向传输和不对称双向传输。相应地形成了基本电信系统的 4 类通信方式，如图 3-10 所示。

2. 存在问题

基本电信系统存在"N^2 问题"，即当用户数量（N）增加时，用户之间的电路数量按 N^2 倍数增加，这些电路的最高可能的利用率按 $1/N^2$ 倍数降低，如图 3-11 所示。

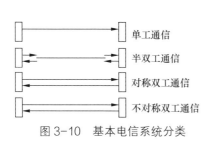

图 3-10　基本电信系统分类

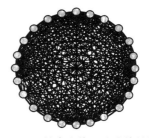

图 3-11　基本电信系统连接结构

如果 N 比较小而且两点之间话务量比较大，理论上存在"N^2 问题"，但并不会形成工程问题而且是比较好的通信方案。这就是基本电信系统之所以能够得到工程应用的道理。然而，当 N 比较大时，"N^2 问题"就会形成工程问题。在实际工程应用中，电信用户数量必然增加；电信设施必然考虑建设成本和应用效率。所以必须解决基本电信系统的"N^2 问题"。

（二）电信网络的形成

解决"N^2 问题"的途径就是把基本电信系统发展成为电信网络。从图 3-12 中可以看出，支持同样数量的用户之间通信；用户之间的电路数量明显减少了，各条干线的利用效率也明显增加了。可见，电信网络解决了基本电信系统存在"N^2 问题"。但是，电信网络同时引入了复用问题和寻址问题。复用问题是多个信号如何同时在同一条电路上传输的问题；寻址问题是各个信号如何到达各自目的地的问题。

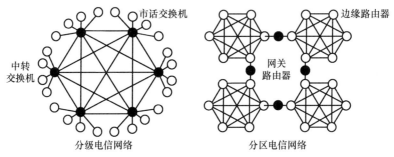

图 3-12　电信网络结构分类

（三）电信网络分类的依据

电信网络的基础网络是媒体网络，媒体网络具有物理层（传输功能）、链路层（复用功能）和网络层（寻址功能）；电信网络产生基础是复用技术和寻址技术。所以，电信网络按机理分类的依据是复用技术机理和寻址技术机理。

1. 复用技术机理分类

目前存在多种多样的复用技术设备，它们曾经或正在得到工程应用。这些技术设备可以按多种方法分类。例如，按可用资源分类、按应用场合分类、按实现技术分类和按技术机理分类。其中影响电信网络属性的是按技术机理分类，分为确定复用技术和统计复用技术，如图 3-13 所示。

（1）确定复用技术：确定复用技术包括频分复用技术、准同步数字体系（PDH）时分复用技术、同步数字体系（SDH）时分复用技术和波分复用技术。

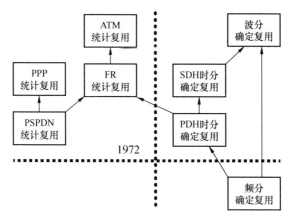

图 3-13　复用技术机理分类

确定复用技术机理如图 3-14 所示。在一次呼叫过程中，持续专用确定电路。确定电路是传输系统的总传输容量的确定部分，双方向电路同时建立和解除复用关系。

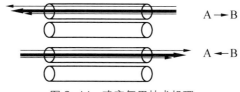

图 3-14　确定复用技术机理

（2）统计复用技术：统计复用技术包括分组交换公用数据网（PSPDN）分组复用技术、帧中继（FR）复用技术、点到点规约（PPP）复用技术、异步传递方式（ATM）复用技术、LAN 受控统计复用（令牌网）和 LAT 随机统计复用（以太网）。

统计复用技术机理如图 3-15 所示。在一次呼叫过程中，断续使用随机电路。使用电路时，占用传输系统的全部传输容量。一条电路单独建立和解除复用关系。

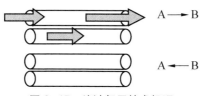

图 3-15　统计复用技术机理

2. 寻址技术分类

目前存在多种多样的寻址技术设备,它们曾经或正在得到工程应用。

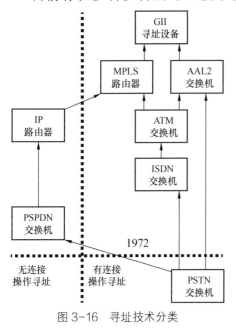

图 3-16　寻址技术分类

这些技术设备可以按多种方法分类,如按可用资源分类、按应用场合分类、按实现技术分类或者按技术机理分类。其中影响电信网络属性的是按技术机理分类,分为有连接操作寻址技术和无连接操作寻址技术,如图 3-16 所示。

（1）有连接操作寻址技术:有连接操作寻址设备包括公用交换电话网（PSTN）电路交换机、综合业务数字网（ISDN）交换机、第二类适配（AAL2）交换机、多协议标签交换（MPLS）路由器和全球信息基础设施（GII）寻址设备。

有连接操作寻址技术机理如图 3-17 所示。用户利用人—机信令信号,把寻址要求通知信令网。信令网在信源与信宿之间,利用网络资源建立起连接,然后传递信号。呼叫结束,信令网释放网络资源。

（2）无连接操作寻址技术:无连接操作寻址设备包括分组交换公用数据网（PSPDN）交换机、互联规约（IP）路由器和 IP 工作组交换机。

无连接操作寻址技术机理如图 3-18 所示。在各个网络节点,根据信元中的目的地址数据,借助于路由器具有的地址知识,选择通往目的地的链路。在每个节点都进行竞争接入,直到到达目的地。

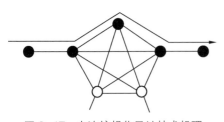

图 3-17　有连接操作寻址技术机理

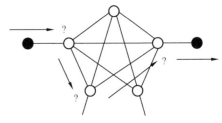

图 3-18　无连接操作寻址技术机理示意图

（四）电信技术体系和网络形态分类

1. 电信技术体系定义

➤ STM 技术体系：确定复用技术配合有连接操作寻址技术。

➤ IP 技术体系：统计复用技术配合无连接操作寻址技术。

➤ ATM 技术体系：统计复用技术配合有连接操作寻址技术。

➤ BTV 技术体系：确定复用技术配合无连接操作寻址技术。

2. 电信网络形态定义

➤ PSTN 网络形态：确定复用和有连接操作寻址构成的网络。

➤ Internet 网络形态：统计复用和无连接操作寻址构成的网络。

➤ FSN 网络形态：确定复用和无连接操作寻址构成的网络。

➤ B-ISDN 网络形态：统计复用和有连接操作寻址构成的网络。

3. 电信技术体系/网络形态分类

两类复用技术和两类寻址技术组合，形成了 4 类电信技术体系/网络形态，见表 3-2。

表 3-2　　　　　　　　　　　电信技术体系网络形态分类

技术体系	网络形态	复用技术	寻址技术
STM	PSTN	确定复用	有连接操作寻址
IP	Internet	统计复用	无连接操作寻址
BTV	FSN	确定复用	无连接操作寻址
ATM	B-ISDN	统计复用	有连接操作寻址

三、电信网络的服务质量

（一）电信业务广义质量属性

ITU 推荐的电信业务广义质量属性见表 3-3。

表 3-3　　　　　　　　　　　电信业务广义质量属性

业务保障性能	平均业务供应时间
	账单错误概率
	计费错误概率
	账单完善概率

续表

业务适用性能	业务用户错误概率
	拨号错误概率
	业务用户放弃概率
	呼叫放弃概率
服务能力性能	业务成功完成概率
	业务接入概率
	平均业务接入延时
	网络接入能力
	接续接入能力
	平均接入延时
	不合格传输概率
	无信号音概率
	错误连接概率
	业务保持能力
	接续保持能力
	切断呼叫概率
	释放失效概率
业务完善性能	误码
	抖动
	滑动
	漂移
	延时
	延时变化
	信元丢失

（二）电信业务狭义质量属性

对于电信业务狭义质量属性，各类电信网络没有统一规定。但是，客观上存在通用默认的狭义质量属性和特定明确的狭义质量属性。其一，通用默认的狭义质量属性是指电信网络传输损伤控制保障的电信业务质量。因为电信网络传输损伤控制指标是由保障电信网络正常工作和保障电信业务质量共同决定的，所以尽管不特别说明，客观上传输损伤控制在保障电信业务质量。其二，ITU-Y 建议 G.711 和 G.712 规定的语音信号编码质量。其三，特定明确规定的狭义质量属性是指在电信业务广义质量属性中，根据特定电信网络的特定要求，选择其中几项表示电信业务狭义质量属性。例如，STM/PSTN 采用服务能力性能中的业务接入概率作为电信业务狭义主要质量属性；IP/Internet 采用业务完善性能中的延时和丢失率作为电信业务狭义质量属性。

电信业务质量指标是根据用户的需求和网络资源的可能，人为折中确定的。通常各类电信网络都可以满足电信业务质量需求，问题是付出的网络资源代价是否值得。低于门限质量为不合格业务；高于门限质量为合格业务；远高于门限质量没有实际意义。

如何表示在不同电信网络中的同类电信业务的等效质量是电信业务狭义质量属性描述的一个难题，如 STM/PSTN 电话质量属性与 IP/Internet 电话质量属性。

（1）STM/PSTN 中的电信业务狭义质量属性用业务接入概率表示，这项属性属于服务能力性能，它取决于工程应用。STM/PSTN 一次呼叫存在建立连接过程和信号传递过程，业务接入概率表示建立连接过程的损伤。一旦建立了连接只有常规的传递损伤，其中不存在丢失问题。

（2）IP/Internet 中的电信业务狭义质量属性用延时和丢失率表示，这项属性属于业务完善性能，它取决于技术机理。IP/Internet 一次呼叫不存在建立连接过程，只有信号传递过程，因此不存在进入损失问题。在传递过程中，除了有常规的传递损伤之外，还有丢失现象。

所以，等效表示 STM/PSTN 电话质量属性与 IP/Internet 电话质量属性是一个复杂的问题。

ITU 在 IP/Internet 支持电话业务中规定：传递延时小于 150ms，丢失率小于 $1×10^{-3}$ 称为电信级业务。在 STM/PSTN 支持电话业务中，延时≤170ms（第一类延时）称为不需要采取回波控制的实时业务，把它称为电信级业务则显得相当勉强。例如，在电信网络建设成功之后，随着用户数量增加，STM/PSTN 电话呼叫损失概率将随之增加，但是接通之后的通话质量并不劣化；IP/Internet 电话不存在呼叫损失，但是通话质量却随着用户数量的增加而逐渐劣化。

（三）第一类电信网络（PSTN）的服务质量

➢ 由保障电信网络正常工作和保障电信业务质量共同决定的电信网络传输损伤控制指标。

➢ ITU-Y 建议 G.711 和 G.712 规定的语音信号编码质量。

➢ 模拟电话网的话务工程规定：电话呼叫拥塞概率小于 1%。

（四）第二类电信网络（Internet）的服务质量

ITU-T 建议 Y.1541 规定了 IP 电信业务的狭义性能指标见表 3-4。

表 3-4　　　　　　　　　　IP 电信业务狭义性能指标

业务等级	业务特定质量指标		
	包丢失率	传递延时	传递延时变化
电信级通信业务	1×10^{-3}	150ms	50ms
实时交互通信业务	1×10^{-3}	400ms	50ms
非实时传送业务	1×10^{-3}	1000ms	1000ms
尽力而为业务	不限		

（五）第三类电信网络（CATV）的服务质量

➢ 在预定的使用时间内，100%时间工作。

➢ 关于传输延时不作特别限制。

➢ 在工作时间内，保证广播电视信号传输质量要求：ITU-R 第 10 和第 11 研究组制订的 BO/BR/BS/BT 建议系列；ITU-T 第 9 研究组制订的 H/J 建议系列。

（六）第四类电信网络（B-ISDN）的服务质量

出于 ATM/B-ISDN 固有属性原因，ATM/B-ISDN 目前已经成功地应用于核心网络支持综合业务。B-ISDN 核心网络可能与 PSTN、Internet、FSN 本地网合用。ITU-T 建议 Y.1541 中规定了 ATM 电信业务的狭义性能指标，见表 3-5。

表 3-5 ATM 电信业务狭义性能指标

业务等级	业务特定质量指标			
	信元错误率	信元丢失率	包丢失率	传递延时
实时交互通信业务	$4×10^{-6}$	$3.0×10^{-7}$	$4.3×10^{-6}$	400ms
非实时传送业务	$4×10^{-6}$	$1.0×10^{-5}$	$1.4×10^{-5}$	400ms

四、网络资源利用效率

（一）电信网络资源利用效率的概念

广义的电信网络资源利用效率等于设备利用率与时间利用率的乘积。其中，设备利用率主要取决于工程设计；时间利用率主要取决于技术机理，如图 3-19 所示。

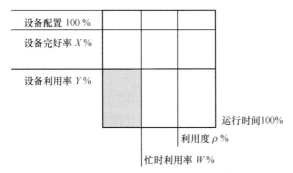

图 3-19　广义电信网络资源利用效率图解

在讨论电信网络技术机理时，适于采用狭义的电信网络资源利用效率。众所周知，电信网络设备有时候使用，有时候空闲；在使用期间有时候传递有效信号，有时候不传递有效信号。狭义的电信网络资源利用效率是指支持有效信号的传递积累时间与电信网络的总运行时间之比。或者说，在广义的电信网络资源利用效率定义中，假定电信网络的全部设备都在使用，即设备利用率等于 100%。在具体计算狭义的电信网络资源利用效率时，使用利用度（ρ%）、复用效率、忙时利用率（W%）的乘积来表示：

网络资源利用效率=利用度×复用效率×忙时利用率

其中，利用度是指电路被使用时间与电路总运行时间之比；复用效率是指电路被使用时间与传递信息信号的最大时间比例；忙时利用率是电路被使用时间与传递信息信号的实际时间比例。它们都取决于电信网络的技术机理。

（二）第一类电信网络（PSTN）的网络资源利用效率

1. 利用度

PSTN 要求呼叫损失小于 1%，利用爱尔朗 B 公式求得：电路激活率≤85%，如图 3-20 所示。

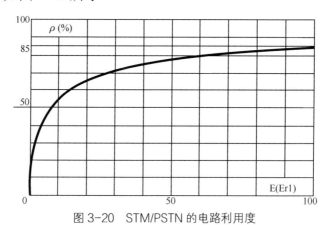

图 3-20　STM/PSTN 的电路利用度

2. 复用效率

假定利用基群（2048kbit/s）电路传递标准电话业务信号，确定复用效率为 93.8%。

3. 忙时利用率

第一类电信网络呼叫建立之后，同时建立两条电路，通话过程中使用一条，另一条空闲；同时考虑到通话交替和通话断续。根据统计结果得出：电路的忙时利用率为 30%。

4. 网络资源利用效率

STM/PSTN 支持标准电话业务的电信网络资源利用效率为：

$$85.0\% \times 30.0\% \times 93.8\% = 23.9\% \approx 24.0\%$$

（三）第二类电信网络（Internet）的网络资源利用效率

1. 利用度

假定最简单的 IP/Internet 网络结构是由路由器和专线组成的，则电路利用度的计算结果如图 3-21 所示。

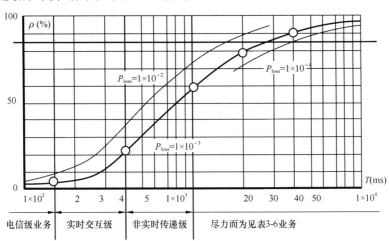

图 3-21　Internet 电路利用度的计算结果

2. 复用效率

假定：IP 数据报总长度默认值为 256 字节，UDP 数据报总长度为 232 字节。复用效率计算结果如图 3-22 所示。

3. 忙时利用率

第二类电信网络呼叫建立之后，同时建立一条电路。假定各个数据包排队接入时彼此头尾衔接，则认为忙时利用率为 100%。

```
                    224  Bytes    用户数据
               8    224            UDP 数据报
          24        232            IP 数据报
     8              256            PPP帧
```

PPP（默认）统计复用效率：84.9%

图 3-22　复用效率计算结果

4. 网络资源利用效率

第二类电信网络（Internet）的网络资源利用效率计算结果见表 3-6。

表 3-6　　　　　　　　第二类电信网络（Internet）网络资源利用效率

业务等级	电路激活率	复用效率	资源利用效率
电信级通信业务	≤3.0%	84.9%	≤2.6%
实时交互通信业务	≤18.0%	84.9%	≤15.3%

业务等级	电路激活率	复用效率	资源利用效率
非实时传送业务	≤55.0%	84.9%	≤46.7%
尽力而为业务	≥55.0%	84.9%	≥46.7%

（四）第三类电信网络（CATV）的网络资源利用效率

1. 利用度

CATV 在预先规定的时间内连续利用电路，所以电路利用度为 100%。

2. 复用效率

根据美国"大同盟"高清晰度电视（HDTV）复用标准计算 HDTV 复用效率，结果归纳如下：

➢ 地面广播复用效率为 58.5%；

➢ 专线传递复用效率为 87.5%；

➢ ATM 传递复用效率为 86.8%。

3. 忙时利用率

第三类电信网络呼叫建立之后，同时建立一条电路。假定各个数据包排队接入时彼此头尾衔接，则认为忙时利用率为 100%。

4. 网络资源利用效率

在保证电视广播级质量的前提下，HDTV 各类传递方式的网络资源利用效率计算结果见表 3-7。

表 3-7　　　　　　　　第三类电信网络的网络资源利用效率

传递方式	电路激活率	忙时利用率	网络资源利用效率
地面广播	100%	58.5%	58.5%
专线传递	100%	87.5%	87.5%
ATM 复用	100%	86.8%	86.8%

（五）第四类电信网络（B-ISDN）的网络资源利用效率

1. 利用度

ATM/B-ISDN 用于核心网络，采用基群接口（2048kbit/s）时，电路利用度的计算结果如图 3-23 所示。

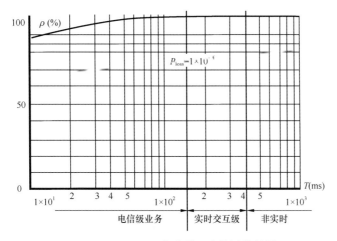

图 3-23　B-ISDN 电路利用度的计算结果

2. 复用效率

假定 ATM/AAL2 电话专用统计复用，则统计复用效率计算结果为 75.5%，如图 3-24 所示。

图 3-24　ATM 统计复用效率

3. 忙时利用率

第四类电信网络呼叫建立之后，同时建立一条电路。假定各个数据包排队接入时彼此头尾衔接，则认为忙时利用率为 100%。

4. 网络资源利用效率

第四类电信网络的网络资源利用效率计算结果见表 3-8。

表 3-8　　　　　　　　　　第四类电信网络的网络资源利用效率

业务等级	激活率	复用效率	资源利用效率
电信级	≤99.6%	75.5%	≤75.2%
实时交互	99.6%~99.9%	75.5%	75.2%~75.4%
非实时传递	≥99.9%	75.5%	≥75.4%

五、电信技术应用和发展的指导思想

（一）指导思想演变概述

关于如何利用和发展电信技术，历史上先后出现过两类指导思想：业务综合思想和网络融合思想。这些指导思想，在电信技术发展的一定历史时期，都曾经起到过积极或消极的作用。

（二）业务综合思想

1. 背景

（1）1970 年以前，只有电信网。

（2）1970 年之后，出现了 PSPDN。

（3）1980 年 ITU 提出了综合业务数字网（ISDN）概念，同时引入基于 ISDN 的业务综合思想。

2. ISDN 的原则

ISDN 概念的主要特征是在同一网络中支持广泛的语音和非语音业务的应用。ISDN 业务综合的关键要素是用有限的一组连接类型和多用途的用户—网络接口安排来提供各种业务。

ISDN 支持包括交换连接和非交换连接在内的各种应用。ISDN 中的交换连接既包括电路交换连接也包括分组交换连接以及它们的链接。

就现实来说，引入 ISDN 的各新业务应必须和 64kbit/s 交换数字连接相兼容。

ISDN 应含有提供业务特征、维护和管理网络功能的智能。这种智能对某些新业务可能是不够的，可能需要由网络内附加的智能或由用户终端里可能兼容的智能来补充。

对于接入 ISDN 的规范，应使用分层的协议结构。由于所要求的业务和国内 ISDN 的实施情况不同，从用户到 ISDN 资源的接入可能有所不同。

3. ISDN 的发展过程

ISDN 是以电话 IDN 为基础，逐步并入附加功能及包括其他专用网在内的网络特征，如用于数据的电路交换和分组交换，以便提供现有业务和新业务而发展起来。

从现有网络过渡到全面的 ISDN 可能需要持续十几年或几十年的时间。在这期间，必须研究各种安排，以解决 ISDN 中的业务和其他网络中的各业务之间的互通问题。

在向 ISDN 发展过程中，端到端的数字连通性是通过现有网络中所使用的装置和设备，如数字传输、时分复用交换和空分复用交换来实现的。

在 ISDN 发展的最初阶段，有些国家需要采用临时的用户网络安排以促进数字业务能力的早期渗透。

一个正在发展的 ISDN，在后期也可以包含比特率高于和低于64kbit/s 的交换连接。

4. 业务综合思想概要

业务综合思想同一种基本技术体系构成一种基本网络形态，支持各类信息业务。

5. 曾经起过积极作用

➢ 遵照业务综合思想为 PSTN 制定了完整标准。

➢ 充分开发了 PSTN 的潜在效能，形成了 ISDN 技术规范。

6. 1990 年之后遇到矛盾和困难

1990 年之后，业务综合思想遇到了以下 3 个矛盾和困难。

（1）排他性与网络基础多样性的矛盾。

（2）理想性与现实网络基础的矛盾。

（3）总体思路与技术基础的矛盾。

7. 目前形势

目前的形势是基于 STM/PSTN 的业务综合思想基本放弃，而基于IP/Internet 的业务综合思想还存在。

（三）网络融合思想

1. 背景

四类技术体系/网络形态逐渐成熟；基于 STM/PSTN 的业务综合思想遇到困难，信息界出现普遍困惑。因此，1996 年 ITU 提出了 ITU-T建议"Y.110:GII"的原则和框架结构。其中提出了全球信息基础设施（GII）的概念，同时引入了网络融合思想。

2. GII 的概念

全球信息基础设施（Global Information Infrastructure，GII）使人们能够在任何时间和地点，以一种可以接受的费用和质量，安全地利用能支持开放的众多应用且包含所有信息方式的各种通信业务。GII 也支持以"共同原则"为依据的国际一致的目标。这些"共同原则"是依据互联的可互操作的通信网、信息处理设备、数据库和终端的无缝联合，决定对网络接入、应用及其操作性的要求。

3. GII 的目标和原则

GII 的目标是保证每个公民能最终进入信息社会。这一目标可由网络的互操作性、信息处理系统及应用来实现。GII 的根本原则是服务于这些目标的，主要是促进公平竞争；鼓励私人投资；规定合适的管理框架；提供开放入网。同时要确保业务的普遍提供及业务的接入服务；促进公民机会均等；促进内容的多样性，包括文化和语言的多样性；认识世界范围合作的必要性；特别要注意欠发达国家。

这些原则通过以下措施贯彻于 GII：促进互联性和互操作性；开发网络服务和应用的全球市场；确保保密和数据安全；保护知识产权；在研究开发及新应用开发领域展开合作；探索信息社会的社交及其内涵。

4. GII 的实现

ITU-T 建议 I.GII-PF 中明确规定：国际信息基础设施（GII）的网络基础设施将由综合业务数字网（ISDN）、宽带综合业务数字网（B-ISDN）、公用交换数据网（PSDN）、电缆电视网（CATV）及其他现存网络组成；利用现代技术对这些现存网络施加合理的融合，使之成为能良好地为全球用户服务的无缝网络。

5. GII 的基本模型

（1）GII 结构模型：定义了 GII 宗旨任务以及由任务提供业务和应用的方法。

（2）GII 功能模型：定义了 GII 系统功能的分解与集成。

（3）GII 发展模型：定义了 GII 的演变过程，如图 3-25 所示。

6. GII 思想概要

➢ 技术配合：技术相互学习，以获得有效的技术效能。

➢ 资源兼用：资源配合应用，以获得优良的网络功能。

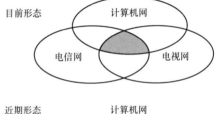
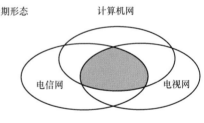
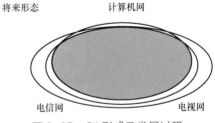

图 3-25　GII 形成及发展过程

> ➤ 平滑过渡：逐步改造现实网络，完善效能，以趋近目标。

（四）指导思想的优劣判据

应用与发展电信技术的指导思想是否有效，只能通过考察在这种指导思想下技术应用与发展的行为结果来判定。考察技术应用与发展的行为结果大体上可以分为以下 3 类。

（1）指导现实工程应用的客观效果：利用现有一些系统，建设一项工程，考察工程的应用效果。

（2）指导现实系统集成的客观效果：利用现有一些设备，集成一个系统，考察系统的功能效果。

（3）指导现实设备研制的客观效果：利用现有一些技术，研制/开发一个设备，考察设备的技术效果。

（五）评论

（1）对电信技术机理以及应用和发展电信技术的指导思想进行分析和归纳是必要的。澄清了基本技术体系/网络形态分类和指导思想分类，就为评估现实复杂的网络形态奠定了基础。

（2）电信技术应用和发展的指导思想是电信技术/网络形态发展过程中的产物。业务综合思想是在唯一电信技术通信/网络形态的产物，或者是一种电信技术通信/网络形态处于强势状态下的产物；网络融合思想是在多种电信技术通信/网络形态下并存，并处于均势状态下的产物。

（3）技术是推动信息产业发展的原动力，指导思想是技术发展过程中的产物；在一定技术发展阶段，这些思想会有效地指导技术应用和发展；同时这些思想也在随着技术发展而更新演变。在电信技术领域，指导思想的发展演变是正常现象。

（4）从业务综合来看，现存技术体系都是不理想的中间结果。持这种观点的专家在努力追求技术的完美性；商家则利用这种观点过分宣扬某种技术体系/网络形态；从网络融合来看，现存技术体系都是珍贵的技术资源。它们都在有效地支持着现实信息产业，都在相互学习之中发展完善。越来越多的专家和主管者认识到，应当通过研究追求工程的有效性。

（5）网络融合思想认为：STM 是支持本地实时电话业务的最好技术；

IP 是支持本地非实时数据业务的最好技术；BTV 是支持各类广播业务的最好技术；ATM 是支持核心网综合业务的最好技术。珍视这些现存技术资源，用于工程，会获得良好的工程效果；用于研发，会获得有效的技术创新。

（6）目前，网络融合思想用于指导现实工程应用、现实系统集成以及现实设备研制，都会获得比较好的工程效果。

六、电信技术和网络形态优劣判断

（一）技术体系和网络形态优劣判断

电信技术和网络形态优劣评定的判据是：在特定的环境中，针对特定电信业务，达到特定目标的程度。

1. 特定环境

- 网络拓扑规模：电信网络平面延伸距离。
- 网络繁简程度：电信网络结构层次。
- 传输质量：传输损伤指标。
- 传输容量：传输比特速率。

2. 特定业务

- 会话型业务：双向、对称、实时业务。
- 消息/检索型业务：双向或单向、不对称、非实时业务。
- 分配型业务：双向或单向、不对称、实时业务。

3. 特定目标

- 业务质量：传输损伤指标。
- 网络资源利用效率：激活率×忙时利用率。
- 网络安全：敌对信号入侵和定位的难易程度。
- 成本：建设和维护费用。

4. 电信技术的工程应用原则

技术属性与应用要求匹配。

（二）技术体系/网络形态的典型应用

1. 本地电话网方案选择

（1）本地电话网的方案有如下几个要求：

> 特定环境：网络拓扑规模小；

> 特定业务：实时会话型业务；

> 特定目标：高业务质量和高网络资源利用效率。

（2）选择 STM 技术体系/PSTN 网络形态方案。

STM 技术体系/PSTN 网络形态。

（3）选择该方案的理由如下：

> 方案由本地电话网的基本属性决定；

> 该方案适于支持会话型业务；

> 该方案的业务质量（电信级）比较高；

> 该方案的网络资源利用率为 25.5%，小于 68.0%。但是由于网络拓扑规模小，不会构成工程问题。

因此，STM/PSTN 是支持本地会话型业务的优选方案。

2. 本地数据网方案选择

（1）本地数据网的方案有如下几个要求：

> 特定环境：网络结构简单（路由器+专线）；

> 特定业务：非实时消息/检索型业务；

> 特定目标：高业务质量和高网络资源利用效率。

（2）选择 IP 技术体系/Internet 网络形态方案。

（3）选择该方案的理由如下。

> 该方案是由本地数据网的基本属性决定的。

> 该方案适于支持消息/检索型业务。

> 该方案支持非实时传递业务，网络资源利用效率为 53.6%。

> 该方案支持尽力而为业务，网络资源利用效率为 97.5%。

> 该方案的业务质量比较低。但是由于网络结构简单，业务质量比较低不会构成工程问题。

因此，IP/Internet 是支持本地数据网的优选方案。

3. 本地分配型电视网方案选择

（1）本地分配型电视网的方案有如下几个要求。

> 特定环境：小拓扑、网络结构简单。

> 特定业务：实时分配型多媒体业务。

> 特定目标：高业务质量和高网络资源利用效率。

（2）选择 BTV 技术体系/CATV 网络形态方案。

（3）选择该方案的理由如下：

➢ 该方案是由本地分配型电视网的基本属性决定的。

➢ 该方案适用于分配型多媒体业务。

➢ 该方案的业务质量比较高（广播电视级）。

➢ 该方案的忙时利用率比较高（90%～100%）。

因此，BTV/FSN 是支持本地电视的优选方案。

4. 复杂核心网/综合业务方案选择

（1）复杂核心网/综合业务的方案有如下几个要求。

➢ 特定环境：大拓扑、网络结构复杂、传输质量好、容量珍贵；

➢ 特定业务：综合业务；

➢ 特定目标：高业务质量和高网络资源利用效率。

（2）选择 ATM 技术体系/B-ISDN 网络形态，如图 3-26 所示。

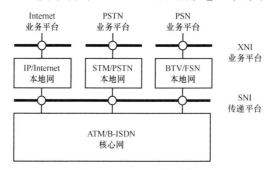

图 3-26 GII 网络形态

（3）选择该方案有如下几条理由。

① 该方案是由复杂核心网/综合业务的基本属性决定的。

② 该方案适于支持综合业务。

③ 该方案可以保证高业务质量（电信级）。

④ 该方案具有高网络资源利用效率（68.0%）。

因此，ATM/B-ISDN 是支持核心网综合业务的优选方案。

5. 简单核心网/综合业务方案选择

（1）简单核心网/综合业务的方案有如下几个要求。

➢ 特定环境：大拓扑/简单网络结构。

➢ 特定业务：综合业务。

➢ 特定目标：高业务质量。

➢ 特殊要求：网络资源利用效率不作要求。

（2）选择 IP 技术体系/Internet 网络形态方案。

（3）选择该方案的理由如下。

➢ 由其基本属性决定。

➢ 支持实时业务。

➢ 只要降低网络资源利用率，就可以保证业务质量。

➢ 支持电信级业务，网络资源利用率为 2.9%。

➢ 支持交互级业务，网络资源利用率为 17.5%。

➢ 支持非实时业务，具有比较高的网络资源利用率。

➢ 支持非实时传递业务，网络资源利用率为 53.6%。

➢ 支持尽力而为级业务，网络资源利用率为 97.5%。

➢ 节点设备比较便宜。

因此，针对"要求高业务质量，对网络资源利用效率不作要求"的目标，IP 技术体系/Internet 网络形态是优选方案。

七、GII 网络形态讨论

（一）GII 的基本考虑

➢ 遵循网络融合思想。

➢ 充分利用所有技术体系的长处。

➢ 尽可能利用现有的网络资源。

➢ 尽可能良好地支持所有电信业务。

➢ 尽可能简便地向 GII 方向过渡。

（二）GII 的网络形态

➢ 本地实时交互业务优选 STM/PSTN 方案。

➢ 本地非实时交互业务优选 IP/Internet 方案。

➢ 本地广播电视优选 BTV/FSN 方案。

➢ 核心网/综合业务优选 ATM/B-ISDN 方案。

这就形成了多种技术体系配合支持的 GII 网络形态。可见，GII 是利用现存多种技术体系融合支持的一种网络形态。

（三）GII 的设计目标

GII 的特定目标是同时保证高电信业务质量、提供高网络资源利用效率和高电信网络安全性。

在 GII 在特定的环境中，针对特定的电信业务，采用了与之适配的特定技术体系，比较好地全面实现了特定目标。所以，GII 网络形态逐渐成了电信工程界公认的优选方案。

要特别说明的是，GII 网络形态特别适用于以无线传输系统为基础的电信网络。因为无线传输系统的大容量问题是一个尚待解决的课题。现实的无线传输系统的传输容量是特别珍贵的网络资源。所以，以无线传输系统为基础的电信网络工程，必然要把网络资源利用效率作为基本设计目标。

（四）GII 体现了网络融合思想

➢ GII 核心网采用 ATM 统计复用，是 STM/IP 融合的结果。

➢ GII 核心网中采用 MPLS 寻址，IP/ATM 再融合的结果。

➢ GII 核心网采用 AAL2 寻址，是 STM/ATM 再融合的结果。

➢ GII 核心网中兼用 AAL2 交换/MPLS 路由寻址，充分体现了网络融合思想，较好地解决了综合业务的寻址问题。

在提出 ISDN 交换机时，因为未能发明一种采用能够同时良好支持电话业务和数据业务的统一技术体制的交换机，不得不把电路交换模块和分组交换模块装在一个机箱之内。同时给电信业务加上标志，使得电话业务接入电路交换机，数据业务接入分组交换机。当时认为，这是权宜之计，现在看来，这充分体现了技术融合思想。

此外，GII 核心网中，结合采用 ATM 统计复用和 G.711 语音信号编码技术，使得电话业务传输效率改善了 20 倍。

本地 STM/PSTN、本地 IP/Internet 和本地广播电视网是原有设施。可见，GII 完全利用了这些现存本地网络设施。

（五）GII 采用了虚拟业务综合技术

GII 采用了虚拟业务综合技术，它把所有电信业务纳入一个电信网络中。但是，在电信网络内部，它采用不同的电信技术支持不同的电信业务。因而同时获得了电信业务的高质量和电信网络资源利用的高效率。

（六）GII 的核心网技术体制
1. ATM 统计复用技术

STM/PSTN 在大拓扑核心网络中应用的低网络资源利用效率问题，曾经是困扰电信界几十年的难题。STM/PSTN 的技术机理决定：保证呼损小于 1%，电路利用率只能小于 85%；忙时利用率只有 30%。历史上曾经提出不少方法，如语音插空技术，但是都未能圆满解决问题。最终采用 ATM 统计复用技术取代 STM 确定复用技术，从机理上改善了网络资源利用效率：在保证呼损 0.1% 和延时 6.2ms 的情况下，网络资源利用效率可达 68%。可见，网络资源利用效率得到了明显的改善。从机理上看，这是利用 ATM 统计复用替代 STM 确定复用，因此，原来的 STM/PSTN 变成了 ATM/B-ISDN 技术体系/网络形态，如图 3-27 所示。

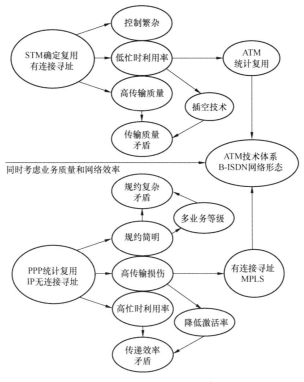

图 3-27　ATM 技术体系归宿历程

2. MPLS 寻址技术

IP/Internet 在复杂核心网络中应用的低业务质量问题，曾经是困扰电信界十几年的难题。IP/Internet 的技术机理决定：保证电信级实时交互业务质量，延时小于 150ms 和信元丢失率小于 1‰时，网络资源利用效率平均值小于 2.9%。在路由器加专线的最简单网络形态中应用尚且如此，在复杂核心网络中应用时网络资源利用效率还要降低。这样低的网络资源利用效率对于在任何网络中应用，都是一个重大的问题。近年来，博士生们做了不少深入研究，一些研究成果也确实改善了 LAN 的电信业务质量和网络资源利用效率，但是，却未能解决 IP/Internet 中的问题。最终采用 MPLS 路由器取代 IP 网关路由器，支持电信级业务，延时小于 6.2ms，信元丢失率小于 1‰时，网络资源利用效率达到 68.0%。需要强调的是，MPLS 路由器的机理是有连接操作寻址的，而 IP 网关路由器的机理是无连接操作寻址。显然，从机理上看，这是利用有连接操作寻址替代无连接操作寻址。因此，原来的 IP/Internet 变成了 ATM/B-ISDN 技术体系/网络形态。

因此，采用 ATM 和 MPLS 技术，即采用统计复用和有连接操作寻址（ATM 技术体系）是 STM/PSTN 和 IP/Internet 殊途同归的发展结果。

（七）GII 广泛采用虚拟专用网设计方法

虚拟专用网（VPN）是指在统一的电信网络之中，针对不同的网络环境和不同的设计目标，把不同的业务分组分别纳入由软件隔离的不同的专用网络中。

VPN 的基础环境是虚拟业务综合和 ATM 技术体系，它们为虚拟专用网设计提供了基础。虚拟专用网设计改善了电信网络设计和应用的灵活性和有效性。

（八）GII 支持平滑发展过渡

GII 的发展过程是：核心网逐步扩大；本地网逐步缩小。这种演变使得整个网络性能逐步改善；维护成本会逐步降低；接入网成本逐步降低；接入网宽带化更容易实现。当演变到本地 STM/PSTN 只剩下一级接入电路交换机；本地 IP/Internet 只剩下一级边缘路由器；本地

BTV/FSN 只剩下一级广播电视分配网络时，整个 GII 就会获得最高可能的网络性能、最低可能的建设和维护成本、最短可能的接入网拓扑距离，这也就实现了 GII 发展目标。

（九）国际电联的观点

下面将 2001 年 5 月加拉加斯（2001—2004 年研究期）第一次会议上，ITU/SG13（网络总体组）的看法总结如下。

（1）信息基础设施（GII）已经包括了现有网络和未来网络的全部内涵，随着业务和技术的发展，应不断加以扩充，而不应重新启动新的项目。

（2）ITU 领导的 GII 标准化工作包括 PSTN/ISDN、ATM、IP 和基于多协议的网络。这些领域的成果对下一代网络将起重要作用。

（3）GII 原则和框架体系包括了商业模型和基于应用接口的业务体系；信息通信体系包括了适用于 NGN 的功能原则；互联参考点提供了国际、国内和本地网络连接的框架和标准。这些建议已经为今后电信网络的发展奠定了基础。

（十）关于 GII 总体概念评论

（1）GII 针对特定的电信业务和网络环境，融合采用了现存四类技术体系的长处，同时回避了它们的短处。

（2）如果设计目标确定为保证电信业务质量和尽可能提高电信网络资源利用效率，GII 可以获得最好可能的工程效果；当设计目标发生变化时，GII 不一定能获得最好的工程效果。

（3）ITU 1996 年提出的 GII 概念、思想、技术体系和网络形态，经过近 8 年的研究、充实和发展，已经被国际电信工程界广泛接受。

第四章 有关数字家庭的接入网络总体技术

本章要点

- ★ 接入网的概念、特点及分类

- ★ PSTN/ISDN 的用户/网络接口

- ★ B-ISDN 的用户/网络接口

- ★ 双绞线用户线上的数字传输接口

- ★ Internet 用户/网络接口

- ★ 宽带无线接入网络标准（IEEE 802 系列）

- ★ 接入网参考模型

- ★ 在 PSTN/ISDN 上支持语音/数据/视频业务的接入网络

- ★ 在 B-ISDN 电缆网上支持语音/数据/视频业务的接入网络

- ★ 在双绞铜线上采用 ADSL/VDSL 支持视频业务的接入网络

- ★ 光纤接入网络

- ★ 无线本地环路

- ★ 卫星接入网络

- ★ Internet 接入网络

- ★ 接入网传输实用分类比较

- ★ 近年接入网络研究课题

一、接入网的概念、特点及分类

（一）接入网的概念

用户接入网简称接入网，是指市话端局或远端交换模块与用户之间的部分，它完成交叉连接、复用和传输功能，不包括交换功能，如图4-1所示。

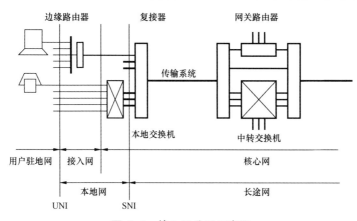

图 4-1　接入网分界示意图

关于电信网络结构分界，根据研究目的的不同，有以下不同的划分方法：长途网、中继网、接入网和用户驻地网；核心网、接入网和用户驻地网；转接网、本地网和用户驻地网。

接入网部分讨论用户接入传输技术，包括用户接入传输链路和边缘路由器；本地网部分讨论地区电信网络的技术体制，包括用户接入传输链路、本地网局间传输链路、边缘路由器和本地交换机。由此可见，接入网是本地网的组成部分。

（二）接入网的特点
1．利用度低
核心网电路利用度通常高于 50%；接入网电路利用度通常低于 1%。
2．经济性差别
用户接入通常是分散用户专用，难以实现多用户共享。
3．需求差异悬殊
接入网必须覆盖所有类型用户，而用户分布和需求差别很大。有的用户距离电话局只有 1km，而有的则距离 10km；有的用户只需要电话业务，而有的则需要综合业务。

4. 成本与业务量无关

尽管接入网话务量变化悬殊，但是始终在低水平上浮动，因此成本与业务量基本无关。

5. 工作环境恶劣

接入网必须工作在室外环境，室外设备元件恶化速度是室内设备元件恶化速度的 10 倍。

6. 技术换代慢

基于上述原因，技术换代相当缓慢，对于家庭用户来说尤其如此。目前以双绞线为主（90%）的状况将持续相当长的时间。

7. 竞争激烈

近年来，针对接入网技术研究的种类很多，针对的目标基本上是类似的。只要任何一项研究出现突破，对其他项目都会产生灾难性的影响。

（三）接入的分类

现实状况是多个电信网络同时延伸到一个家庭中，即一个家庭同时并存多个彼此独立的用户终端。现存四类电信网络都可能接入家庭网络，如图 4-2 所示，接入网有如下的分类：

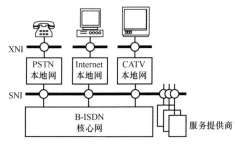

图 4-2　接入网分类示意图

（1）基于 PSTN 的模拟接入网络；

（2）基于 PSTN 的数字接入网络（xDSL）：

（3）基于 ISDN 的数字接入网络（2B+D）：

（4）基于 B-PSTN 的接入网络；

（5）基于 Internet 的接入网络；

（6）基于模拟 CATV 的接入网络；

（7）基于数字 CATV 的接入网络；

（8）基于模拟无线广播电视的接入网络；

（9）基于数字无线广播电视的接入网络；

（10）基于公用移动电话网的接入网络；

（11）基于无线宽带接入的接入网络。

二、PSTN/ISDN 的用户/网络接口

PSTN/ISDN 的用户/网络接入接口分类如图 4-3 所示。

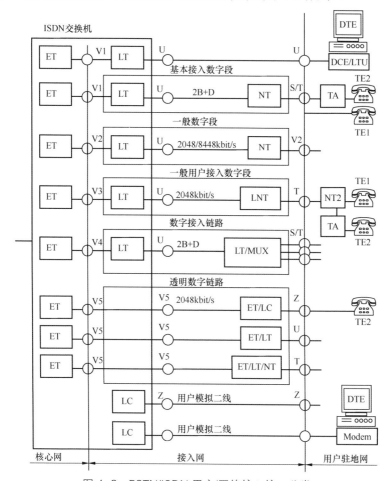

图 4-3　PSTN/ISDN 用户/网络接入接口分类

（一）PSTN/ISDN 的用户面接口

➤ V1 接口——交换终端与线路终端间的功能界面，具有 2B+D 结构。

➤ V2 接口——集中器网络侧的参考点，具有一个或多个基群结构。

➤ V3 接口——基群接入数字段网络侧参考点。

➤ V4 接口——支持多个基本接入数字段复用的网络侧参考点。

➤ V5 接口——交换机与远端模块之间的接口，速率可以在 1～16E1 范围内选择。

➤ T 参考点——第一类网络终端与第二类网络终端之间的接口。

➤ S/T 参考点——当不存在第二类网络终端时，第一类网络终端与第一类用户终端之间的接口，如图 4-4 所示。

➤ U 接口——用户终端与网络终端之间的接口，在 S 或 T 参考点上并且适于接入协议的接口。

➤ Z 接口——模拟电话接口。

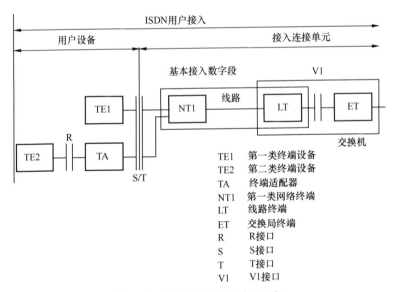

图 4-4　ISDN 基本用户接入图解

（二）PSTN/ISDN 支持的用户终端业务

➤ 话音（电话）。

➢ 数据（话带数据）。

➢ 图形（静态图像、文字、表格）。

➢ G3 传真。

➢ 活动图像。

➢ 多媒体。

➢ 会议电视。

（三）PSTN/ISDN 支持的承载业务

➢ 300～3400Hz 音频（含话带数据）。

➢ 64kbit/s，8kHz 结构，不受限数字信息。

➢ 2×64kbit/s，8kHz 结构，不受限数字信息。

➢ 84kbit/s，8kHz 结构，不受限数字信息。

➢ 1920kbit/s，8kHz 结构，不受限数字信息。

➢ 64kbit/s 同向业务。

➢ E1 结构化/非结构化电路仿真。

➢ $N×64kbit/s$ 帧中继。

三、B-ISDN 的用户/网络接口

B-ISDN 的物理接口如图 4-5 所示。

（一）B-ISDN 的用户面接口

➢ 64kbit/s 同向数字接口。

➢ 帧中继接口，速率为 2048kbit/s。

➢ 以太网接口，速率为 10/100Mbit/s 自适应。

➢ E1 电路仿真接口，速率为 2048kbit/s。

➢ 异步数据接口，EIA/TIA RS-232 规范。

➢ 模拟电话用户接口，电气特性符合 YDN 065—1997 有关规定。

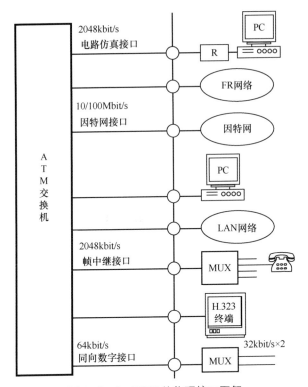

图 4-5 B-ISDN 的物理接口图解

（二）B-ISDN 支持的用户终端业务

➢ 话音（电话）。

➢ 高速数据。

➢ 图形（静态图像、文字、表格）。

➢ G3 传真。

➢ 活动图像。

➢ 多媒体。

➢ 会议电视。

（三）B-ISDN 支持的承载业务

➢ 300～3400Hz 音频。

➢ 64kbit/s，8kHz 结构，不受限数字信息。

➤ 2×64kbit/s，8kHz 结构，不受限数字信息。

➤ 84kbit/s，8kHz 结构，不受限数字信息。

➤ 1920kbit/s，8kHz 结构，不受限数字信息。

➤ 64kbit/s 同向业务。

➤ 速率为 2048kbit/s 的帧中继业务。

➤ 速率为 10/100Mb/s 自适应以太网业务。

➤ 速率为 2048kbit/s 的电路仿真业务。

➤ EIA/TIA 异步数据业务。

（四）B-ISDN 用户接入逻辑参考配置图

B-ISDN 用户接入逻辑参考配置图如图 4-6 所示。

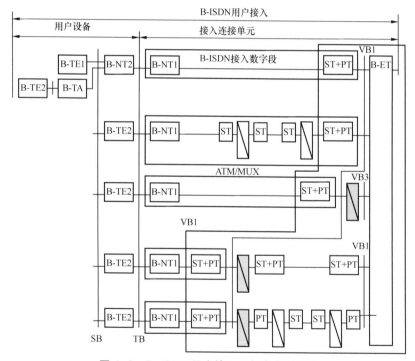

图 4-6 B–ISDN 用户接入逻辑参考配置图

其中，B-ET：B-ISDN 交换终端；

　　　PT：净负荷类型；

　　　ST：段类型；

ATM/MUX：ATM 复接器（VP 交叉连接）；

STM/MUX：STM 复接器；

B-NT1：B-ISDN 的网络终端 1；

B-NT2：B-ISDN 的网络终端 2；

B-TA：B-ISDN 的终端适配器；

B-TEl：B-ISDN 的终端设备 1；

B-TE2：B-ISDN 的终端设备 2；

VB1：B-ISDN 的 V1 接口；

VB3：B-ISDN 的 V3 接口；

TB：B-ISDN 传输参考点；

SB：B-ISDN 业务参考点；

R：B-ISDN 适配参考点。

四、双绞线用户线上的数字传输接口

双绞线用户线上的数字传输接口分类见表 4-1，其中，HDSL 为高速率数字用户线；SDSL（HDSL2）为超高速率数字用户线；ADSL 为不对称数字用户线；RADSL 为速率自适应不对称数字用户线；VDSL 为甚高速率数字用户线。

表 4-1　　　　　　　　　　　双绞线用户线上的数字传输接口

xDSL	传输距离（m）	对称性	上行/下行速率（bit/s）	线对数	时间	并存电话	标准
IDSL	6000	对称	128k	1	1976 年	否	无
HDSL	2000	对称	1544～2048k	2	1984 年	否	有
	4000	对称	784k	2			
SDSL	2000	对称	1544～2048k	1		否	有
ADSL	3000	不对称	100～800k/8M	1	1989 年	否	有
RADSL	3000	不对称	100～800k/8M	1		否	有
	6000	不对称	/1.5M	1			
VDSL	300	不对称	6.4M/52M	1	1994 年	可	研究中

续表

xDSL	传输距离(m)	对称性	上行/下行速率(bit/s)	线对数	时间	并存电话	标准
VDSL	1000	不对称	3.2m/26m	1	1994 年	可	研究中
	1500	不对称	800k/6.5M	1			
	300	对称	26M	1			
	1000	对称	13M	1			
	1500	对称	6.5M	1			

五、Internet 用户/网络接口

Internet 用户/网络接口如图 4-7 所示。

（一）Internet 的用户面接口

➢ 自适应 10/100MTx（双绞线≤100m）接口。

➢ 1000MSx（短波长光纤≤550m）接口。

➢ 1000MLx（长波长光纤≤10km）接口。

➢ 10GLx（长波长光纤≤70km）接口。

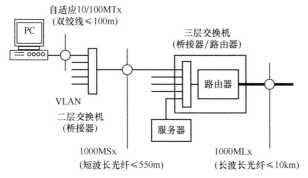

图 4-7 Internet 用户/网络接口图解

（二）Internet 支持的用户终端业务

➢ 个人计算机通过双绞线（自适应 10/100MTx）接入局域网。

（三）Internet 支持的承载业务

➢ 自适应 10/100MTx（双绞线≤100m）业务。

> 1000MSx（短波长光纤≤550m）业务。
> 1000MLx（长波长光纤≤10km）业务。
> 10GLx（长波长光纤≤70km）业务。

六、宽带无线接入网络标准（IEEE 802 系列）

宽带无线接入标准结构图如图 4-8 所示。

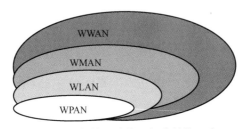

图 4-8　宽带无线接入标准结构示意

（一）无线个域网（WPAN）

无线个域网（WPAN）是点到点的连接，传输距离从几米到十几米，一般应用于监视、控制、定位、指挥和游戏。

无线个域网采用的是 IEEE 802.15 工作组制定的 IEEE 802.15 系列标准，包括如下协议。

> IEEE 802.15.1：蓝牙底层协议。
> IEEE 802.15.2：降低共用 2.4GHz 干扰。
> IEEE 802.15.3a（WiMedia）：提高速率（480Mb/s）。
> IEEE 802.15.4（ZigBee）：低功耗、低成本、低速率（9.6kbit/s）。
> IEEE 802.15.5：在媒体接入控制层形成网络。
> IEEE 802.15.X：基于 T 射线，高速率（Gbit/s）。

（二）无线局域网（WLAN）

无线局域网（WLAN）实现多点连接，传输距离从几十米到几千米，最佳应用半径为 100m，在用户群室内应用。它的频段为 2.4GHz，带宽为 20MHz，传输效率为 2.7bit/s，速率为 54Mbit/s。

无线局域网采用 IEEE 802.11 工作组主管制订的 IEEE 802.11 系列标准，包括如下内容。

- ➤ IEEE 802.11/1997.6（第一代）标准：0.5Mbit/s@2.4GHz。
- ➤ IEEE 802.11b（Wi-Fi）/1999.9 标准：1～11Mbit/s@2.4～2.483GHz。
- ➤ IEEE 802.11a/2000 标准：1～54Mbit/s@5GHz。
- ➤ IEEE 802.11g/2001.11 标准：兼容 11b/11a。
- ➤ IEEE 802.11c 标准：媒体访问控制（MAC）虚拟增强。
- ➤ IEEE 802.11d 标准：使得 802.11b 用于其他频段。
- ➤ IEEE 802.11e 标准：改善 802.11b 服务质量。
- ➤ IEEE 802.11f 标准：改善 802.11 切换进制，实现漫游。
- ➤ IEEE 802.11h 标准：改善 802.11a 发射功率控制和选频。
- ➤ IEEE 802.11e 标准：改善质量与欧标兼容。
- ➤ IEEE 802.11i 标准：改善安全性（鉴权和加密算法）。
- ➤ IEEE 802.11x 标准：改善安全性（可扩展认证协议）。
- ➤ IEEE 802.11j 标准：使得 802.1a 与 HiperLAN2 互通。
- ➤ IEEE 802.11n 标准：提高效率和速率（108/320Mbit/s）。
- ➤ IEEE 802.1l/WNG 标准：解决 802.11 与欧标 BRAN-HiperLAN 互通。
- ➤ IEEE 802.11/RRM 标准：改善无线资源管理，增强 802.11 性能。
- ➤ IEEE 802.1l/HT 标准：增强 802.11 传输能力，提高吞吐量。
- ➤ IEEE 802.11/Plus 标准：多频和多模式运行。

（三）无线城域网（WMAN）

无线城域网（WMAN）实现本地多点室外连接（把 IEEE 802.11 标准点接入 Internet），应用目标是最后一千米用户接入。它的传输距离为几十千米，最佳应用半径为 7～10km，工作频率为 10～66GHz，传输效率为 3.8bit/s，传输速率为 75Mbit/s。

无线城域网采用 WiMAX（World Interoprability for Microwave Access）联盟制订的 IEEE 802.16 系列标准，包括如下内容。

- ➤ IEEE 802.16a（WiMAX）/2003.1：全名是 MAC 修改和 2～11GHz

附加物理层规范。2003 年 4 月成立 WiMAX 论坛。

➢ IEEE 802.16c/2002.12：全名是 10～66GHz 详细系统介绍。

➢ IEEE 802.16d/：全名是 2～11GHz 详细系统介绍。

➢ IEEE 802.16e/：全名是固定宽带无线接入系统空中接口的修正，低于 6GHz 许可带宽的移动业务的物理层和 MAC 层修改。

➢ IEEE 802.16.2—2001/2001.9：全名是 IEEE 局域网和城域网操作规范，建议固定/宽带无线接入系统共存。

➢ IEEE 802.2a/2003.4：IEEE 802.16.2 的修正。

➢ IEEE 802.16.1/2003.6：全名是 IEEE 802.16 一致性标准第一部分 10～66GHz 无线 MAN-SC 空中接口协议实现一致性说明（PICS）形式。

➢ IEEE 802.16.2：全名是 IEEE 802.16 一致性标准第二部分 10～66GHz 无线 MAN-SC 空中接口的测试集结构和测试目的（TSS/TP）。

（四）无线广域网（WWAN）

无线广域网（WWAN）采用如下标准。

➢ IEEE 802.16 标准：城市之间的网间通信。

➢ IEEE 802.21 标准：网间漫游和互操作。

七、接入网参考模型

（一）接入网络的逻辑参考模型

接入网的逻辑参考模型如图 4-9 所示。

1. 组成

➢ 业务功能（SF）——视频服务器、视频业务提供者。

➢ 核心网（CN）——PSTN、N-ISDN、B-ISDN。

➢ 接入网（AN）——CATV 网、ADSL/VDSL、光纤网、RITL、卫星。

➢ 用户驻地网（CPN）——接入单元、电视机、计算机、电话机、移动电话机。

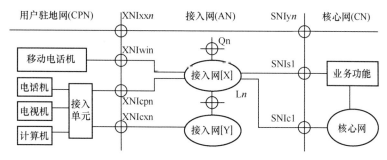

图 4-9 接入网络的逻辑参考模型

2. 接口点

- ➢ SNIs*n*——业务功能/接入网之间的网络节点接口（s：业务类别；*n*：序号）。
- ➢ SNIc*n*——核心网/接入网之间的网络节点接口（c：接入技术类别；*n*：序号）。
- ➢ XNIxx*n*——用户网络接口（x：接入技术类别/媒体）。
- ➢ L*n*——接入网/接入网之间的接口点。
- ➢ Q*n*——接入网/管理网之间的接口点。

3. 用户网络接口定义

- ➢ XNIcp*n*——采用铜线方式的用户网络接口。
- ➢ XNIcx*n*——采用铜缆方式的用户网络接口。
- ➢ XNIsa*n*——采用卫星方式的用户网络接口。
- ➢ XNIwi*n*——采用无线方式的用户网络接口。
- ➢ XNIop*n*——采用无源光网络的用户网络接口。
- ➢ XNIla*n*——采用局域网的用户网络接口。

（二）接入网络的物理参考模型

接入网络的物理参考模型如图 4-10 所示。

1. 组成

- ➢ 业务功能（SF）——视频服务器、视频业务提供者。
- ➢ 核心网（CN）——PSTN、N-ISDN、B-ISDN。
- ➢ 接入网（AN）——CATV 网、ADSL/VDSL、光纤网、RITL、卫星。

> 用户驻地网（CPN）——接入单元、电视机、计算机、电话机、移动电话机。

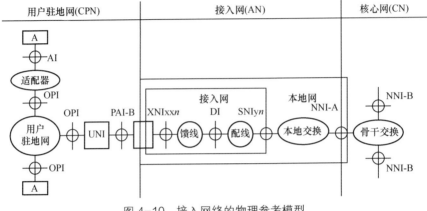

图 4-10　接入网络的物理参考模型

2. 接口点

> SNIs*n*——业务功能/接入网之间的网络节点接口（s：业务类别；*n*：序号）。
> SNIc*n*——核心网/接入网之间的网络节点接口（c：接入技术类别；*n*：序号）。
> XNIxx*n*——用户网络接口（x：接入技术类别/媒体）。
> L*n*——接入网/接入网之间的接口点。
> Q*n*——接入网/管理网之间的接口点。

3. 用户网络接口定义

> XNIcpn——采用铜线方式的用户网络接口。
> XNIcxn——采用铜缆方式的用户网络接口。
> XNIsan——采用卫星方式的用户网络接口。
> XNIwin——采用无线方式的用户网络接口。
> XNIopn——采用无源光网络的用户网络接口。
> XNIlan——采用局域网的用户网络接口。

八、在 PSTN/ISDN 上支持语音/数据/视频业务的接入网络

（一）在 PSTN/ISDN 上支持语音/数据/视频业务的接入网络

（1）逻辑结构

在 PSTN/ISDN 上支持语音/数据/视频业务接入网络的逻辑结构如图 4-11 所示。

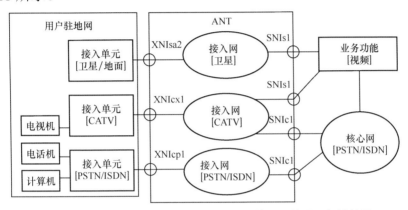

图 4-11　PSTN/ISDN 语音/数据/视频业务接入网络的逻辑结构图

（2）物理结构

PSTN/ISDN 上语音/数据/视频业务接入网络的物理结构如图4-12所示。

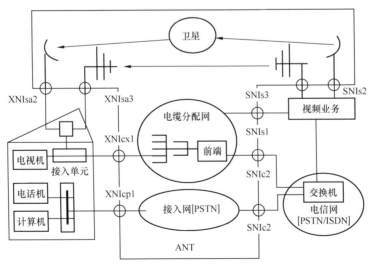

图 4-12　PSTN/ISDN 语音/数据/视频业务接入网络的物理结构图

（二）在 PSTN/ISDN 二线电缆网上支持语音/数据业务的接入网络

（1）逻辑结构

PSTN/ISDN 二线电缆网上支持语音/数据业务的接入网络的逻辑结构如图 4-13 所示。

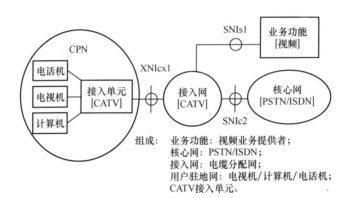

图 4-13　PSTN/ISDN 二线电缆语音/数据业务的接入网络的逻辑结构图

（2）物理结构

PSTN/ISDN 二线电缆网上支持语音/数据业务的接入网络的物理结构如图 4-14 所示。

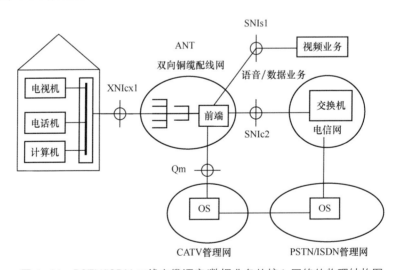

图 4-14　PSTN/ISDN 二线电缆语音/数据业务的接入网络的物理结构图

九、在 B-ISDN 电缆网上支持语音/数据/视频业务的接入网络

（一）具有独立控制信道的 B-ISDN 单向铜缆网上提供语音/数据/视频业务的接入网络

（1）逻辑结构

B-ISDN 单向铜缆语音/数据/视频业务接入网络的逻辑结构如图 4-15 所示。

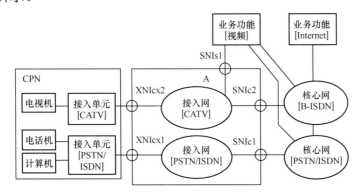

图 4-15　B-ISDN 单向铜缆语音/数据/视频业务接入网络的物理结构图

（2）物理结构

B-ISDN 单向铜缆语音/数据/视频业务接入网络的物理结构如图 4-16 所示。

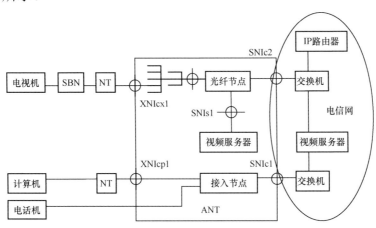

图 4-16　B-ISDN 单向铜缆语音/数据/视频业务接入网络的物理结构图

（二）在 B-ISDN 双向铜缆网上提供语音/数据/视频业务的接入网络

（1）逻辑结构

B-ISDN 双向铜缆网上提供语音/数据/视频业务接入网络的逻辑结构如图 4-17 所示。

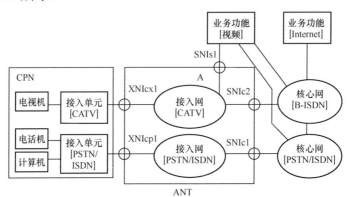

图 4-17　B-ISDN 双向铜缆语音/数据/视频业务接入网络的逻辑结构图

（2）物理结构

B-ISDN 双向铜缆网上提供语音/数据/视频业务接入网络的物理结构如图 4-18 所示。

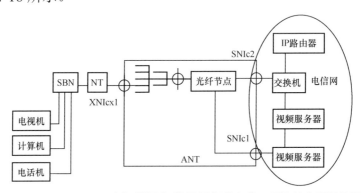

图 4-18　B-ISDN 双向铜缆语音/数据/视频业务接入网络的物理结构图

十、在双绞铜线上采用 ADSL/VDSL 支持视频业务的接入网络

ADSL 系统的下行速率为 1.536～6.144Mbit/s；传输距离为 5km/2Mbit/s；

上行速率为 16～64kbit/s。VDSL 系统的下行速率为 25～50Mbit/s；传输距离为 50～500m。

（1）逻辑结构

在双绞铜线上采用 ADSL/VDSL 支持视频业务接入网络的逻辑结构如图 4-19 所示。

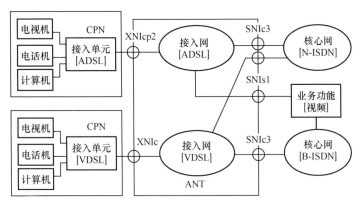

图 4-19　在双绞铜线上采用 ADSL/VDSL 支持视频业务接入网络的逻辑结构图

（2）物理结构

在双绞铜线上采用 ADSL/VDSL 支持视频接入网络的物理结构如图 4-20 所示。

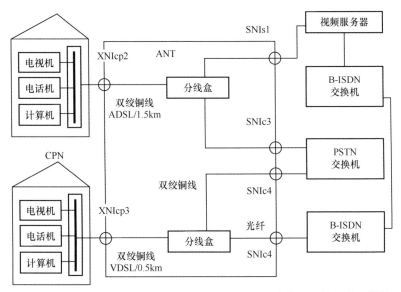

图 4-20　在双绞铜线上采用 ADSL/VDSL 支持视频业务接入网络的物理结构图

十一、光纤接入网络

（1）逻辑结构

光纤接入网络的逻辑结构如图 4-21 所示。

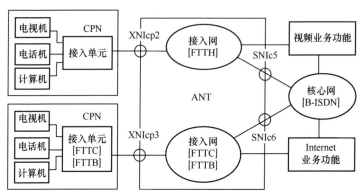

图 4-21　光纤接入网络的逻辑结构图

（2）物理结构

光纤接入网络的物理结构如图 4-22 所示。

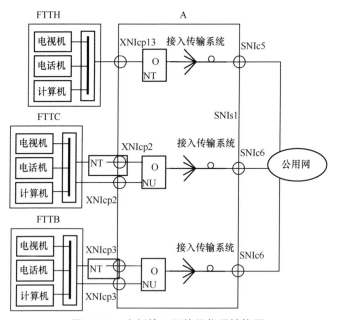

图 4-22　光纤接入网络的物理结构图

十二、无线本地环路

（一）短期提供无线业务的无线市地环路

（1）逻辑结构

短期提供无线业务的无线本地环路的逻辑结构如图 4-23 所示。

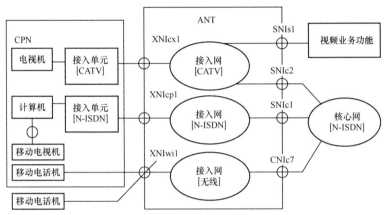

图 4-23　短期提供无线业务的无线本地环路的逻辑结构图

（2）物理结构

短期提供无线业务的无线本地环路的物理结构如图 4-24 所示。

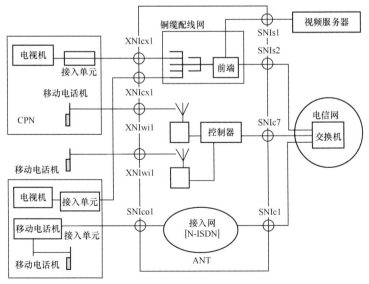

图 4-24　短期提供无线业务的无线本地环路的物理结构图

（二）无线本地环路

（1）逻辑结构

无线本地环路的逻辑结构如图 4-25 所示。

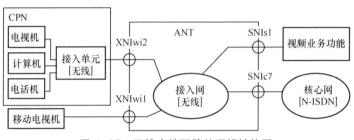

图 4-25　无线本地环路的逻辑结构图

（2）物理结构

无线本地环路的物理结构如图 4-26 所示。

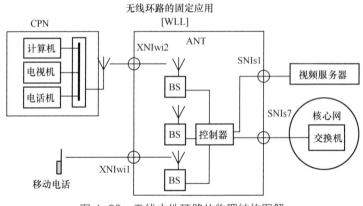

图 4-26　无线本地环路的物理结构图解

十三、卫星接入网络

本实例不包括通过卫星的视频和广播。

（1）逻辑结构

卫星接入网络的逻辑结构如图 4-27 所示。

（2）物理结构

卫星接入网络的物理结构如图 4-28 所示。

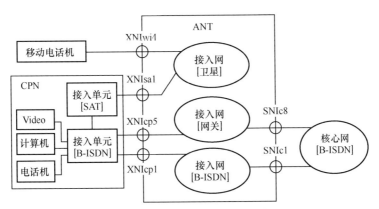

图 4-27　卫星接入网络的逻辑结构图

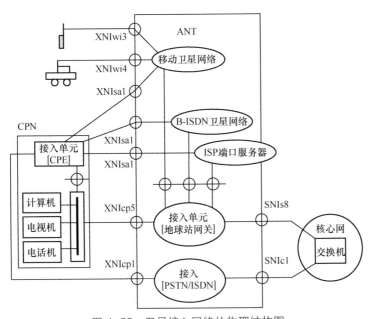

图 4-28　卫星接入网络的物理结构图

十四、Internet 接入网络

（一）快速接入的 Internet 接入网络

（1）逻辑结构

Internet 接入网络的逻辑结构如图 4-29 所示。

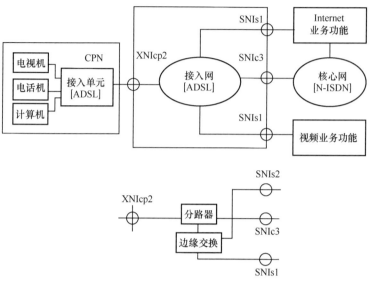

图 4-29　Internet 接入网络的逻辑结构图

（2）物理结构

Internet 接入网络的物理结构如图 4-30 所示。

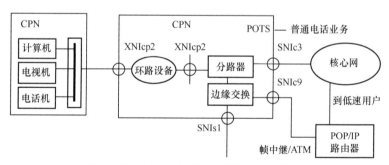

图 4-30　Internet 接入网络的物理结构图

（二）与 ATM 网互通的 Internet 接入网络

（1）逻辑结构

与 ATM 网互通的 Internet 接入网络的逻辑结构如图 4-31 所示。

（2）物理结构

与 ATM 网互通的 Internet 接入网络的物理结构如图 4-32 所示。

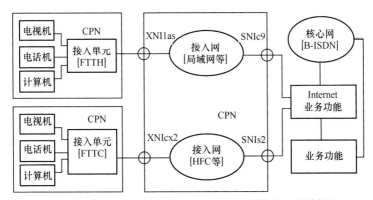

图 4-31 与 ATM 网互通的 Internet 接入网络的逻辑结构图

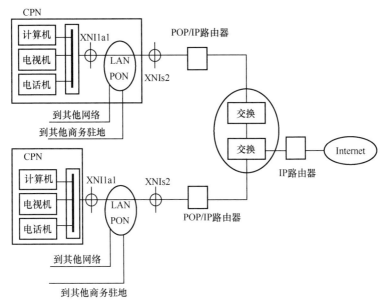

图 4-32 与 ATM 网互通的 Internet 接入网络的物理结构图

十五、接入网传输实用分类比较

接入网传输实用分类比较见表 4-2。

表 4-2 接入网传输实用分类比较

实用分类		1	2	3	4	5	6	7
业务种类	电信网上语音/数据	●	●					

实用分类		1	2	3	4	5	6	7
业务种类	铜缆/无线/卫星上视频业务	●						
	铜缆上视频业务		●			●		
	双向铜缆上数据视频	●	●					
	ADSL/VDSL 上语音/数据/视频			●				
	光纤网上语音/数据/视频				●			
	电信网/无线电话上语音/数据					●		
	B-ISDN/Internet/卫星移动电话						●	
	Internet 上数据							●
	Internet 上数据/视频							●
核心网	PSTN/N-ISDN	●						
	B-ISDN		●	●	●			
	N-ISDN/B-ISDN					●	●	
	POTS/帧中继/ATM							●
	ATM 骨干网							●
接入网类别	单向铜缆配线网	●	●					
	双向铜缆配线网	●	●					
	卫星/地面广播	●	●					
	ADSL/VDSL			●				
	光纤 FTTH/FTTC				●			
	无线/移动传数据/语音；铜缆传视频					●		
	卫星						●	
	ADSL/VDSL							●
	PSTN/ISDN、HFC、PON							●
用户驻地网	接入单元、TV、PC、电话机	●	●	●	●		●	●
	接入单元、TV、PC、电话机、移动电话机					●		
信息流	用单向铜缆网下行分配视频业务	●	●					
	上行通过 PSTN/ISDN	●	●					
	双向无线					●		
	双向卫星						●	

十六、近年来的接入网络研究课题

近年来的接入网络研究课题如下：

➢ 接入网传送边界的定界；

➢ XNI 相对于 NT 和 ONU 的参考点定位；

➢ CATV 接口/频道协议及其频率规划的相应标准；

➢ 接入网供电问题涉及的新技术和相关标准；

➢ 混合 CATV 接入的定时处理标准；

➢ 处理新媒体接入，如塑料光纤、1Gbit/s 铜缆等；

➢ 对本地交换定义管理功能问题。

第五章　有关数字家庭的网络管理总体技术

本章要点

- ★ 电信管理网络的出现背景
- ★ 电信网络的维护原则
- ★ 电信网络的管理原则
- ★ 电信管理网络的功能
- ★ 电信管理网络的管理规约
- ★ 家庭网络管理问题
- ★ 家庭网络的远程管理总体框架
- ★ SNMP 协议栈
- ★ TR-069 协议栈
- ★ 家庭网络的远程管理总体框架

一、电信管理网络出现的背景

（一）电信网络发展需求

（1）电信网络规模越来越大；

（2）电信网络结构越来越复杂；

（3）电信网络支持的电信业务越来越多；

（4）电信网络中不同厂商的设备种类越来越多；

（5）用户对于电信业务服务质量要求越来越高；

（6）电信网络及电信业务发展越来越快。

因此，电信管理网络的出现势在必行。

（二）ITU-T 维护和管理研究推动

ITU-T 关于 M 系列建议的研究工作推动着电信管理网络的发展。其中，主要涉及电信网络总体维护和管理原则的建议包括：

（1）M.20：电信网络的维护原则；

（2）M.30：电信管理网的原则。

（三）网络管理技术发展过程

（1）1970—1988 年：专用网元管理，手工操作；

（2）1989—1998 年：网络管理，只有监视；

（3）1999 年至今：服务管理，可以控制。

二、电信网络的维护原则

（一）维护策略

（1）必须考虑电信网络支持的业务和功能，以及维护工具和能力；

（2）应当使用维护实体概念、失效分类和总维护原理；

（3）应当考虑安装测试、投入服务和网络运行各个阶段；

（4）尽可能降低失效影响。

（二）维护目标

（1）建立和维护任何单元在规定的限值内所建立的连接；

（2）对于规定的业务级别，应当采取适当方法保持成本最低；

（3）对于各类设备尽可能采用同样的维护原理。

（三）维护中的几个概念

1. 维护实体

电信网络包括维护实体（ME）、维护实体集（MEA）和维护子实体（MSE）。

2. 失效概念

> 异常：实体实际的特性与要求的特性差别。

> 缺陷：实体完成所需功能的能力的有限中断。

> 失效：实体完成所需功能的能力的终止。

3. 网络监控

网络监控是对监测维护实体的异常和缺陷进行分析和校核的过程。

（四）维护程序

在网络正常时，应当连续或定期从 NE 采集性能信息，以监视和分析可能出现的故障；在网络反常时，需要经过各个维护阶段来校正故障。维护程序见表 5-1。

表 5-1　　　　　　　　　　　电信网络的维护程序

阶　段	描　述	过　程	结　果
性能测量	实体正常功能	连续或周期校核	通过
失效检测	检测失灵	连续或周期校核	维护报警
系统维护	降低失效影响	闭锁或切换	撤除失效实体
失效信息	失效指示	报警	维护报警
故障定位	确定失效实体	测试	故障定位
后勤延时	确定维护干预时间		
故障校正	实体失效校正	修理、替换、切换	

续表

阶　　段	描　　述	讨　　程	结　　果
证实	故障校正后检查	测试	通过或失败
恢复	恢复实体正常功能	解除	使用或备用

三、电信网络的管理原则

（一）电信网络的管理概念

电信管理网络（TMN）的任务是提供一个有组织的网络结构，以便有效地管理整个电信网络及其所有电信设备。

TMN 由操作系统（OS）、工作站（WS）、数据通信网（DCN）和网元（NE）组成。TMN 的构成及它与其管理的电信网络的关系如图 5-1 所示。

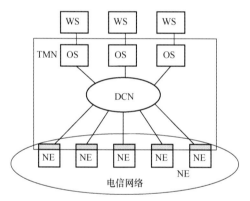

图 5-1　电信管理网络的构成

（二）电信管理网的物理体系结构

电信管理网的物理体系结构如图 5-2 所示。

➤ 操作系统（OS）：独立的系统，完成操作系统功能（OSF）。

➤ 数据通信网络（DCN）：TMN 内的通信网络，在 Q3 点支持数据通信功能（DCF）。

➤ 转送装置（MD）：独立装置，实现转送功能（MF）。

➤ 局部通信网（LCN）：TMN 内的通信网络，在 Q1 和 Q2 点支持数据通信功能（DCF）。

> 网元（NE）：电信设备或执行网元功能（NEF）的支持设备，具有一个或多个标准 Q 接口。

> 工作站（WS）：独立的系统，执行工作站功能（WSF）。

> Q1 参考点：直接或经过 DCF 连接 NEF 与 MF。

> Q2 参考点：直接或经过 DCF 连接 MF 与 MF。

> Q3 参考点：直接或经过 DCF 连接 MF 与 OSF 和 OSF 与 OSF。

> F 参考点：连接各个功能块 OSF、MF、NEF、DCF 和 WSF。

> X 参考点：连接 TMN 与包括其他各个 TMN 的各个管理网络。

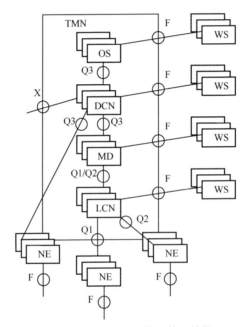

图 5-2　电信管理网的物理体系结构图

四、电信管理网络的功能

（一）TMN 的一般功能

（1）传送功能：提供 TMN 各个单元之间的信息传送。

（2）存储功能：在整个受控时间内保存信息。

（3）安全功能：通过读出或改变信息的接入通路实现控制。

（4）恢复功能：提供信息接入。

（5）处理功能：提供分析和信息操作。

（6）用户终端支持功能：提供信息输入和输出。

（二）TMN 的应用功能

1. 性能管理

性能管理提供对电信设备的性能和网络或网络单元的有效性进行评价和提出报告的功能。

（1）性能监测功能

性能监测实现对有关 NE 性能的数据的连续收集。

（2）话务管理和网络管理功能

TMN 通过从各 NE 收集话务数据并发送命令到 NE 来重新组织电信网或修改其操作以调节异常的话务。

（3）服务质量观察功能

TMN 从各 NE 中收集 QoS（服务质量）数据并支持 QoS 的改进，监测和记录的参数如下：

> 连接建立；
> 连接保持；
> 连接质量；
> 记账完整性；
> 系统状态工作日记的保持和检查。

2. 故障或维护管理

故障或维护管理是一组功能，它能够检测、隔离和校正电信网的异常运行及其环境。

> 报警监视功能：TMN 提供接近实时监测 NE 失效的能力。
> 故障定位功能：在初始失效信息对故障定位不够用时，就必须扩大由附加失效定位例行程序获得的信息。
> 测试功能。

3. 配置管理

配置管理提供控制、识别从 NE 收集的数据和向 NE 提供数据的功能。

> 保障功能：保障功能包括设备投入业务所必需的程序，但不包

括安装。

> 状态和控制功能：TMN 提供在需要时立即监测和控制 NE 的某些方面的能力。

> 安装功能：TMN 能支持构成电信网设备的安装。

4. 计费管理

计费管理提供一组功能，它能测量网络服务的使用和确定使用的费用。

5. 安全管理

> 改变通路的安全类别。

> 改变终端的安全类别。

> 安全拨号能力。

> 口令或标识登记。

> 注销。

> 变更登记号码。

（三）网络管理分层

1. 事物管理层

事物管理层是 MN 的最高层次，由最高管理人员执行。基本功能包括业务设计和规划、网络设计和规划、资金支出和使用、费用计算和统计。

事物管理层与业务管理层之间互通服务信息；与网络管理层之间互通网络利用率、设备故障、成本信息；与网元管理层之间互通网元信息。

2. 业务管理层

业务管理层协调和满足用户需求，基本功能包括服务质量跟踪、管理用户服务档案和服务矩阵参数。业务管理层与网络管理层之间互通连接、路径和性能信息。

3. 网络管理层

网络管理层管理由网元构成的网络，基本功能包括性能校正、故障修复、动态路由和连接控制与协调、网络事件和日记生成。网络管理层与网元管理层之间互通各个网元的信息。

4. 网元管理层

网元管理层对网元进行控制，对各个网元实施监视和控制。

5. 网元层

网元层是各个单独的网元，它负责管理命令的实施和故障的探测。在 TMN 中，管理设施与网元之间的通信按 OSI 参考模型设计。

五、电信管理网络的管理规约

（一）公共管理信息协议

公共管理信息协议（Common Management Information Protocol，CMIP）是由 ISO 制定的 OSI 网络管理标准，早期用于公用交换电话网（PSTN）的网络管理。

（二）简单网络管理协议

简单网络管理协议（Simple Network Management Protocol，SNMP）是由因特网互联工作组（Internet Engineering Task Force，IETF）为因特网制定的网络管理协议，早期用于计算机网络管理。

（三）CMIP/SNMP 总体比较

CMIP 与 SNMP 属于同一时期的技术，大同小异。

1. 主要相同点

（1）管理对象：基本相同；

（2）系统组成：基本相同。

2. 主要不同点

（1）信息检索：CMIP 面向组合项方式；SNMP 面向单项方式。

（2）获取信息：CMIP 采用报告方式；SNMP 采用轮询方式。

（3）传送数据：CMIP 采取有连接方式；SNMP 采取无连接方式。

（4）标识识别：CMIP 采取间接识别方式，一次识别一个对象所有实例；SNMP 采取直接设备方式，一次识别一个对象实例。

（5）选择功能：CMIP 具有 Ccope（确定被管对象范围）功能和 Filit（选择属性满足要求的被管电信）功能；SNMP 没有这些功能。

（6）管理操作：CMIP 具有原子操作机制（可以把管理者向多个被管对象发送的管理操作作为一个整体看待）；SNMP 没有这种功能。

（7）其他功能、协议规模、性能、标准等不同。

总体看来，公共管理信息协议（CMIP）管理功能比较完善，目前应用于电信网络；简单网络管理协议（SNMP）管理设施比较简单，目前应用于因特网。但是在技术方面彼此逐渐融合，取长补短。

（四）其他管理规约

1. 公共对象请求代理体系结构

公共对象请求代理体系结构（Common Object Request Broker Architecture，CORBA）是对象管理组织（OMG），为了解决分布式计算环境中不同软硬件产品之间互操作问题，提出的一种解决方案。

2. 运营支撑系统

运营支撑系统（Operation Support System，OSS）是电信业务开展和运营时必需的支撑平台。服务对象是网络提供商、基础业务提供商、增值业务提供商和虚拟运营商。

3. 接入网管理规约

接入网管理规约包括 ITU-T G.902（PSTN/V5 接口接入管理）和 ITU-T Y.1231（Internet 接入管理）。

4. TR-069 管理规约

TR-069 管理规约规定计算机外部设备和管理系统之间的安全通信管理。

六、家庭网络管理问题

从运营、维护和管理的角度来看，家庭网络和公用电信网络有很大的不同。

（1）公用电信网络的网元数量一般比较少，而家庭网络的网元数量则非常庞大，所以没有良好的运行和管理工具，无法维护和管理家庭网络；传统的人工操作和排除故障的方式很难满足家庭网络的维护和管理要求。

（2）家庭网络的使用者是普通用户，普通用户不可能像机房里的专业工作人员那样恪守安全规范，不做有害于网络安全的操作；更有可能，一些使用者是怀有恶意的；因此，家庭网络的维护和管理更要注重运营商对设备本身的控制能力以及安全性能。

（3）家庭网络遍布各个地区，远程管理是必不可少的；上门服务只有在极特别的情形下才进行。因此，远程管理能力是家庭网络不可缺少的一个能力，对于全网业务开展具有重要意义。

家庭网络需要具有完善的管理网络，目的是保障家庭网络正常工作和简化用户操作。

七、家庭网络的远程管理总体框架

（一）家庭网络的远程管理概述

1. 家庭网络远程管理的内容

家庭网络远程管理的内容包括设备的自动配置、设备的软件和固件的升级、设备的状态和性能监测以及故障诊断。

2. 家庭网络远程管理的管理通道

远程管理的信息是承载在 IP 包上的，管理通道主要是指如何传送承载管理信息的 IP 包，这与具体的接入技术相关。如何保证管理通道的可用性和管理通道的带宽是目前相关接入技术需要解决的问题。

3. 家庭网络远程管理的管理协议

家庭网络远程管理的管理协议主要是指 IP 层之上的管理内容传送协议，目前主要有 IETF 制订的 SNMP 和 DSLForum 制订的 TR-069。管理协议的选择需要权衡安全性和协议复杂性。

4. 家庭网络远程管理的管理内容

家庭网络远程管理的管理内容需要根据具体的运营维护进行详细的规定。

（二）家庭网络的远程管理系统架构

家庭网络远程管理系统主要包括应用层家庭网络/业务层、设备功能管理层和协议层。

1. 应用层

应用层包含了实际的应用，如本地的 GUI 和到外部应用的北向接口。其中，GUI 包括对远程管理系统自身的管理、功能管理、设备管理和策略管理。

2. 家庭网络/业务层

这个层面主要用来定义和执行运行在家庭网络上的业务，包括家庭网络建模、家庭网络分组功能以及定义要在家庭网络中应用的策略和业务。

3. 设备功能管理层

这个层面主要用来定义和执行运用在设备上的功能，包括设备建模、设备分组、定义可应用于设备的策略和功能。功能层支持诸如软件升级、配置升级、诊断测试等功能。

4. 协议层

这一层把功能原语映射到特定的协议栈，如 TR-069、SNMP 等。

（三）远程管理系统的接口

家庭网络的远程管理系统首先是一个网元管理系统，不仅和家庭网络内的设备交互，同时还与运营商的 OSS 系统以及其他运营商网络的网元管理诊断系统交互。为了和其他系统交互，远程管理系统必须提供相应的接口，一般称它们为北向接口和南向接口。

1. 北向接口

北向接口是远程管理系统与人工操作员和高层信息系统（如 OSS）交互的接口，人工操作员和高层信息系统通过它控制和配置远程管理系统。远程管理系统通过 GUI 与人工操作员交互，通过 Web Service 与高层信息系统交互。有了 Web Service 接口，远程管理系统可以被集成到 OSS 这样的高层信息系统，提供到清单管理、防火墙管理、配置管理等功能的接入功能。

2. 南向接口

南向接口是远程管理系统与家庭网络内的设备之间的接口，该接口通常有两种管理协议：TR-069 和 SNMP。

八、SNMP 协议栈

（一）SNMP 概况

简单网络管理规约是 IETF 定义的标准，用于网络管理系统和网络元素之间的管理。网络运营商根据该规约监视和控制网络设备，进行配置管理、收集统计数据、性能管理和安全性管理。

（二）SNMP 协议栈

SNMP 协议栈如图 5-3 所示。

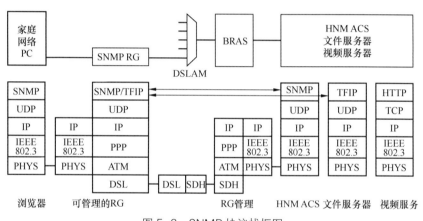

图 5-3　SNMP 协议栈框图

（三）SNMP 的消息结构

SNMP 消息包括基于 MIB 对象的操作消息、管理消息 SNMP Get/Set/Get Next/Getbulk 和上报消息 SNMP Trap/Notification。其中，上报消息支持错误类型和错误代码。

SNMP 消息不是面向功能定义的，需要其他的约束来定义一些特殊的功能。可以使用 TFTP 或 FTP，但不能与管理通道合并。

（四）SNMP 安全

➤ SNMPv2 提供基于 Community 的认证。
➤ SNMPv3 提供增强的安全特性。

（五）SNMP 事物处理

> 事务处理只能在一个 SNMP UDP PDU 中维护。

> 没有连接状态的管理，也不维护会话信息。

（六）SNMP 消息模型

> 管理对象被分散定义在多个 RFC MIBs。

> SNMP 支持用户自定义的管理对象扩展。

（七）SNMP 的主要特点

1. SNMP 的主要优点

> SNMP 是广泛使用的成熟协议。

> IETF 已经通过 MIB RFC 定义了许多标准管理对象。

> 它只支持 Manager Agent 单向通信请求。

> 简单的协议通信效率比较高。

2. SNMP 的主要缺点

> 只有 SNMPv3 才能提供可信赖的安全机制。

> 基于 UDP，是无连接协议，可能丢失消息导致无法确认状态。

> 没有标准的初始化过程定义，需要借助于其他方式如 Trap，不可靠。

> 对于 RFC MIB 没有认证来确保实现的一致性，通过重新定义来统一管理对象是非常困难的。

> 安全机制较弱，SNMPv3 未被广泛使用。

> 当防火墙/NAT 存在时部署较复杂。

九、TR-069 协议栈

（一）TR-069 概况

TR-069 是 DSL-Forum 定义的标准，用于 CPE 设备和管理系统之间的安全通信。TR-069 为安全的 CPE 自动配置和管理引入了一个公共的框架，支持自动配置和动态服务提供软件/固件版本升级、状态和性能监控和诊断。

（二）TR-069 协议栈

TR-069 协议栈如图 5-4 所示。

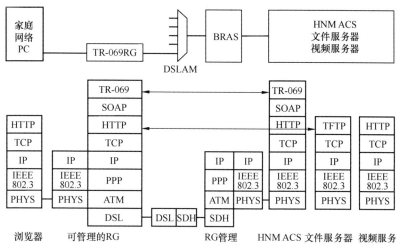

图 5-4　TR-069 协议栈

（三）TR-069 消息结构

TR-069 消息结构有如下特点。

➢ 基于 RPC 的功能调用。

➢ RPC 定义在 SOA Pover HTTP 之上。

➢ 可以分为 Server RPC 和 Client RPC。

➢ 也可以分为 Baslined RPC 和 Optional RPC。

➢ 支持错误处理和错误代码。

（四）TR-069 安全

➢ 支持 HTTP 认证方式。

➢ 附加的 SSL/TLS 提供增强的安全特性。

➢ 提供 Voucher 机制，支持用户扩展的安全机制。

（五）TR-069 事务处理

➢ 被管设备与 ACS 间的会话可以被保持。

➢ 会话信息也可以通过 HTTP cookie 机制来维持。

> ➤ 在防火墙或 NAT 存在时，会话可以由被管设备发起。
> ➤ 并不需要持久连接。

（六）TR-069 的主要特点

1. TR-069 的主要优点

> ➤ 基于 TCP，是面向连接的协议。
> ➤ 基于 SOAP/HTTP，使用 XML 语言定义，对象和方法容易扩展。
> ➤ 可选的 SSL/TLS 层，可以提供比较好的安全性。
> ➤ 良好的用例定义。
> ➤ 完善的初始过程定义来发现被管理设备。
> ➤ 支持双向通信请求。
> ➤ Reboot、远程升级等重要功能有单独的 RPC 定义。
> ➤ 文件传送可以使用 HTTP/TFTP/FTP。
> ➤ 使用 HTTP 支持与管理 Session 合并。
> ➤ 可以提供更多的安全机制和安全保护。
> ➤ 可以在进程中提供事务处理和维护会话信息。
> ➤ 可以适合在更加复杂的情况下部署。
> ➤ 更加统一的管理信息模型定义。
> ➤ 通过互操作认证来保证实现的一致性。
> ➤ 得到业界更多的支持。

2. TR-069 的主要缺点

> ➤ 比较多的协议栈层次，需要比较多的被管理设备资源。
> ➤ 服务器与被管理设备通信流量比较大。
> ➤ 需要握手时间来建立连接。

十、家庭网络的远程管理总体框架

（一）远程管理的对象

远程管理系统的管理对象是家庭网络中的设备，如家庭网关、STB 等。只要这些设备支持 TR-069 或 SNMP，就可以被远程管理系统管理。对这些设备进行管理是提供、维护端到端业务的需要。当运营商在自己的网络上开展多种业务时，这项功能非常有用。运营商可以从一个统一的界面上了解家庭网络和各个业务终端的工作状态和相关信息，这对于运营商了解网络资源的使用、业务开展情况、故障诊断等都是很有意义的。

（二）网元管理内容

1. 清单管理

远程管理系统了解家庭网络中的各种设备。家庭网络设备可以周期性地向管理系统发送消息，消息中包括有用的运行信息，如设备类型、IP 地址、固件版本等。这样，管理系统可以详细了解设备的最新情况，包括设备的生产厂家和类型是否激活，固件版本是否最新等。

2. 固件管理

固件管理实现检查和更新设备固件的功能。固件更新可以利用同步或异步通信模型，手工或自动完成。同步模式是指设备主动发起通信，设备周期性地发送信息给管理系统，根据收到的信息，管理系统发起具体操作；异步模式是指管理系统主动发起通信，要求被管理设备立即发送需要的信息，当需要完成即时动作（如安装安全补丁）时，异步模式就很有用了。

3. 配置管理

出于支持新功能或运营方面的考虑，远程管理系统可以在需要时改变一个设备的配置，比如，配置业务参数或增加新的防火墙规则以过滤不需要的业务流。

配置管理减少了 helpdesk 的工作量，并带来更快速的业务部署。配置的改变也可以是手工的或自动的，也可以使用同步或异步模式。配置修改可以有多种方式：

➤ 上载新的配置文件，彻底改变所有配置；

➤ 部分配置文件上载，只改变部分配置；

➤ 某个或某几个参数更新。

（三）监控、故障发现和诊断管理内容

监控、故障发现和诊断包括事件和报警管理模块、诊断模块、故障

排除模块和统计模块。

传统的故障发现往往是由使用者完成的。用户发现家庭里的设备发生故障，于是打客服电话报修，接线员接到电话后再告知网管对相应设备进行故障诊断，或通知相关的维护人员。对用户来说，这种模式解决问题所需的时间较多，期间一般无法再使用订购的业务；对运营商而言，该模式解决问题需要调用诸多资源。而远程故障发现和报警的流程就不是这样的。远程管理系统自动和设备通信，主动发现设备故障，发现故障后，可以执行 reboot、检查配置、安装原有配置等动作，以排除故障。可见，这一功能将大大减少用户的不满，提高服务水准，同时减少运营商的资源投入。

（四）业务管理内容

一个用户向运营商购买了家庭网络中的一些服务，他同时获得一个家庭网关。运营商的 OSS/BSS 系统将自动地提供给用户事先配置好的业务和网络连接。用户只需要把新得到的网关插在家庭网络和接入网络的接口处即可，家庭网关将自动访问远程管理系统的 URL。随后，远程管理系统将根据用户订购的业务给家庭网关配置适合的参数。在整个业务配置过程中，运营商的工作人员无需直接接触网关设备，因此这种配置方式被称为零接触配置。

其间，远程管理系统将对家庭网关配置一系列参数，如 PVC、路由表、无线客户端、VoIP 客户端、登录和口令等。它们可以通过配置文件统一上传，也可以逐个进行参数配置。管理系统还会检查并避免相互冲突的配置命令。

（五）管理网的网络安全防卫
1. 管理网的特点

管理网络只接受管理者一个合法用户控制，实施故障管理、配置管理、性能管理、账务管理和安全管理。可见，管理网是一个专用计算机网络。因此，存在与计算机网络类似的网络安全问题，同时可以借鉴计算机网络的防卫技术。但是，管理网只接受管理者一个合法用户控制，控制信号传递网络可以自行设定。因此，管理网络可以获得比计算机网络更好的网络安全属性。

2. 管理网络的典型网络安全问题

（1）非授权访问：非法用户使用非法手段进入管理系统进行违法操作；合法用户进行越权操作和对数据的越权使用。

（2）监听截获：非法监听管理网络中传递信号，获取管理信息内容；对网管信息的流向、流量等参数进行信息流量的分析。

（3）对管理网络的主动攻击：冒充网络管理设备，对网络管理信息进行重放、篡改、伪造等恶意攻击。

（4）对管理中心平台的网络攻击：通过管理网对网管中心设备进行入侵访问和攻击。

（5）病毒侵袭：利用计算机病毒删除、修改文件，导致程序运行错误、死机和毁坏硬件。

3. 管理网主要防卫措施

（1）管理人员身份认证与访问权限控制包括访问权限和身份鉴别。

（2）网管数据传输安全措施包括信息加密、数字签名和错误检测。

（3）保护网管系统的网络安全，采取健全的网络访问机制、加强网络访问控制和评审访问记录等措施。

（4）增强网管软件平台的安全性，采取如下措施：

➢ 严格配置操作系统平台。

➢ 关闭不必要的协议、服务和工具。

➢ 安装安全扫描工具、病毒检测工具。

➢ 定期监控和审查平台。

➢ 定期分析系统日志。

➢ 定期下载并安装平台的最新补丁。

➢ 及时堵住平台漏洞等。

（5）其他安全性措施如下：

➢ 使用防火墙技术。

➢ 使用反病毒工具。

➢ 完善安全制度。

➢ 审计跟踪。

第六章　有关数字家庭的网络安全问题讨论

本章要点

★ 安全概念

★ 信息系统的安全概念

★ 信息系统安全问题发展演变

★ 计算机网络安全

★ 互联网的网络安全

★ 局域网的网络安全

★ 无线电信网络共同的安全问题

★ 全球移动通信系统（GSM）的网络安全

★ 无线局域网（WLAN）的网络安全

★ 公共交换电话网（PSTN）的网络安全

★ 各类网络的通用物理安全

★ ISO/OSI 安全体系结构

★ 电信网络的安全属性分析

★ 电信网络的网络安全对抗体系结构

★ 网络安全防卫中的安全技术方面

★ 家庭网络面临的网络安全问题

一、安全概念

（一）安全定义
安全是避免危险、恐惧和忧虑的度量和状态。

（二）安全分类
1. 信息安全
为了防止信息未经授权使用、误用、修改或拒绝使用而采取的措施。所谓信息，是指通过调查研究、学习、指导、智力活动、新闻、事实、数据、字符等获取的，可以表达物理或精神体验的结构或其他结构变化的知识。

2. 物理安全
物理安全使用保安或物理设施来保护物理财产。

3. 计算机系统安全
计算机系统安全是一种保护计算机系统的信息安全的方法。

4. 计算机网络安全
计算机网络是指由电信网络（因特网）支持的计算机系统构成的信息基础设施。在一些著作中，把计算机网络安全简称为"网络安全"。关于网络安全定义有多种表述，但是内容基本相同。

（1）网络安全是用于保护网络系统信息的安全而采取的措施。

（2）网络安全泛指网络系统的硬件、软件及系统中的数据受到保护，不因偶然的或恶意的原因而遭到破坏、更改、泄露。系统连续可靠地运行，网络服务不被中断。

（3）计算机网络安全是指在分布网络环境中，对信息载体（处理载体、存储载体和传输载体）处理、传输、存储、访问提供安全保护，以防止数据、信息内容被破坏或被非授权使用或篡改。

（4）网络安全包括通信安全和计算机安全。通信安全是对通信过程中所传输的信息进行保护；计算机安全是对计算机系统中的信息进行保护。

（5）网络安全是为保护网络免受损害而采取的措施总和。

5. 通信安全

通信安全是用于保护传递过程中信息安全的措施。在目前出版的著作中，尚未见到明确的通信安全的定义。在上述各种"网络安全"定义之中，多数是指计算机网络安全，其实质内容多数是指计算机系统安全，其中有的定义部分表达了电信网络安全的含义。至于通信安全的定义，只是表达了传递信息功能的安全方面，尚未包括通信设施的安全方面。可见通信安全定义是不完善的。

（三）我国现实网络安全问题

以下列出几个我国近年来陆续出现的网络安全问题，这些问题已经影响了国家建设、人民安居乐业和发展。

（1）通过电话网的恶意电话骚扰。

（2）通过移动通信网的垃圾短信和短信息骚扰犯罪。

（3）通过因特网的垃圾邮件和网络犯罪。

（4）通过因特网的对计算机系统的攻击。

（5）通过各类电信网络的对各类信息业务系统的攻击。

二、信息系统的安全概念

（一）信息系统中的安全问题来源

典型的信息系统是由信息基础设施和信息业务系统组成的，信息基础设施是由电信网络和计算机系统组成的。不难理解，信息系统中出现的安全问题来源于：电信网络在执行信息传递过程中引入的安全问题、计算机系统在执行信息处理功能过程中引入的安全问题和信息业务系统在执行信息应用过程中引入的安全问题，如图6-1所示。

图6-1　信息系统中安全问题来源图解

（二）广义电信网络的网络安全概念

在规定环境下，保证电信网络完成规定功能和性能；在环境劣化时，保持最低需求的功能和性能；在环境恢复时，能够迅速恢复规定功能和性能的网络设施、相关程序及人员行为的集合，这就是广义电信网络的网络安全，适合于自然环境和对抗环境中的网络安全。

（三）狭义电信网络的网络安全概念

狭义电信网络的网络安全是指对抗敌人利用、侦测、破坏电信网络资源的对策，适合于对抗环境中的网络安全。

（四）网络安全优劣概念

关于电信网络安全的评估，目前尚无统一标准。但是，关于电信网络的网络安全优劣概念是明确的：

➢ 入侵和阻止入侵电信网络的难易程度；
➢ 侦测和防止侦测电信网络的难易程度；
➢ 破坏和恢复破坏电信网络的难易程度。

显然，难以入侵、难以侦测和难以破坏，并且容易阻止入侵、容易防止侦测和容易恢复破坏的电信网络具有良好的网络安全属性。

（五）信息系统的安全体系结构

在上述讨论基础之上，可以归纳出比较简明的信息系统安全结构，它包括信息安全和信息基础设施安全。其中，信息安全包括信息应用安全和信息自身安全；信息基础设施安全包括计算机系统安全和电信网络安全。此处，信息基础设施是采用 ITU 来定义的，美国称为网络世界（Cyber）。安全系统的安全体系结构见表 6-1。

表 6-1　　　　　　　　　信息系统的安全体系结构

名　　称	包 含 内 容
信息安全	信息应用安全
	信息自身安全
信息基础设施安全	计算机系统安全
	电信网络安全

三、信息系统安全问题发展演变

（一）通信保密年代

20 世纪 40 年代，将通信和密码结合起来，从此信息（系统）安全进入了"通信保密年代"。

首先在军用电信网络之中出现了窃密问题，敌人通过截获电信网络传递的信号，窃取电信网络传递的信息。于是从电信技术队伍中分离出一部分专家，专门从事信息自身安全的工作，即加密、解密和破译密码研究。此时，信息系统的安全构件只有机密性。满足机密性的核心技术是传统的密码技术。可见，在通信保密年代，中心任务是把"信息"保护起来。

（二）计算机安全年代

20 世纪 70 年代计算机系统实现了系统内部的信息交换和数据存储，产生了新的安全要求，从此信息（系统）安全跨入了"计算机安全年代"。

敌人通过截获电信网络传递的信号和计算机系统处理的信息，窃取、篡改和伪造信息业务系统中的信息。这时信息安全专家队伍逐渐形成了以计算机专家为主的信息安全专业队伍，他们的工作内容也逐渐向信息系统的安全扩展。信息系统的安全构件扩展到机密性、完整性、可用性、可控性和可追溯性。显然，这些发展是针对计算机系统的，电信网络与信息安全的关系却依然如故。

（三）计算机网络安全年代

20 世纪 90 年代，计算机系统发展成为计算机网络。网际边界的开放直接给网络安全带来威胁，于是信息（系统）安全就进入了以边界保护为主的"计算机网络安全年代"。

针对在以因特网为基础的信息基础设施（计算机网络）中病毒和黑客入侵问题，从计算机网络和信息安全技术队伍中分离出部分专家，专门从事计算机网络的安全防卫工作。早期的主要任务是计算机网络的防卫；近期任务重点逐渐转入由计算机网络支持的信息业务系统的对抗，包括信息利用的安全。

这时，信息系统的安全构件扩展到保护、探测、响应、控制和报告。显然，这些发展重点是针对计算机网络的。从防火墙和入侵检测等基本功能来看，此时的网络安全是为计算机系统提供周边防卫。可见，在计算机网络安全年代，中心任务是把"计算机系统"保护起来。

（四）向网络世界安全过渡年代

近年来，信息安全和计算机网络安全经历着深刻的变化。面对新的攻防斗争形势，人们寻求全新的概念、理论和方法。其中，引人注目的是提出了"网络世界"的概念。

在通信保密年代，保密是通信的组成部分；在信息安全年代，信息安全与通信分道扬镳，形成了单独的技术领域；在计算机网络安全年代，信息安全在继续发展，信息安全支持计算机网络，形成了单独计算机网络安全技术领域。从安全角度来看，电信网络一直被认为相对封闭而且足够安全。然而，近年来，人们才发现，电信网络也存在严重的安全问题。而且，电信网络的安全问题严重影响着信息安全和计算机网络安全。这大概是网络世界安全过渡年代最大的"顿悟"。

其实，我国高层专家早已注意到了国际信息安全最新发展：

（1）现代信息系统安全是为防护和维护网络中的信息所采取的措施，包括网络本身；

（2）当前信息系统安全的核心任务是构建可信网络世界；

（3）支撑可信网络世界的环境是可信计算、可信连接和可信应用。

四、计算机网络安全

计算机网络技术漏洞、薄弱环境和局限性普遍存在，于是出现了大量的、不断升级的病毒和黑客攻击；病毒和黑客技术漏洞、薄弱环境和局限性同样普遍存在，于是出现了计算机网络安全防卫。

（一）攻击类型

1. 访问攻击

（1）监听：通过检查文件寻找所需内容的方法。

（2）窃听：秘密旁听别人通话。

（3）截听：主动截断通路获得信息。

2. 修改攻击

（1）更改。

（2）插入。

（3）删除。

3. 拒绝服务攻击（DoS）

（1）拒绝对信息进行访问。

（2）拒绝对应用程序进行访问。

（3）拒绝对系统进行访问。

（4）拒绝对通信进行访问。

4. 否认攻击

（1）伪装。

（2）否认事件。

（二）攻击机制

➢ 陷门（Trap Door）和后门（Back Door）。

➢ 攫取口令。

➢ 寻找系统的漏洞。

➢ 强力闯入。

➢ 偷窃特权。

➢ 使用一个节点作根据地进入其他节点。

➢ 清理磁盘寻找重要信息。

➢ 木马程序。

➢ 病毒。

➢ 黑客。

（三）安全服务

1. 机密性

（1）文件机密性。

（2）传输信息机密性。

（3）通信信息流量分布机密性。

2. 完整性

（1）文件的完整性。

（2）传输信息的完整性。

3. 可用性

（1）备份。

（2）故障还原。

（3）灾难还原。

4. 责任性

（1）识别和认证。

（2）审核。

（四）防卫机制

➢ 加密。

➢ 防病毒软件。

➢ 防火墙。

➢ 入侵检测。

➢ 漏洞扫描。

➢ VPN。

➢ 防黑客技术。

➢ 防恶意代码入侵。

➢ 系统平台安全防卫。

➢ 应用安全服务。

五、互联网的网络安全

（一）数据链路层安全协议

- ➢ 局域网安全协议（IEEE 802.10 标准）。
- ➢ 广域网安全协议（PPP 标准）。

（二）网络层 IPSec 安全体系结构

IPSec 体系结构包括以下内容。

（1）安全协议：认证头（AH）；封装安全有效载荷（ESP）。

（2）安全联盟（SA）：集中存放安全通信的协商内容。

（3）安全策略（SP）：用户定义安全需求的方法。

（4）密钥管理：手工密钥管理；自动密钥管理（因特网密钥交换协议，IKE）。

（三）因特网的网络安全问题

因特网是在可信环境中开发出来的 TCP/IP，在协议设计总体构思中基本未考虑安全问题。虽然 TCP/IP 经历了多次改版升级，但是出于 TCP/IP 本身的先天不足和改版升级中考虑到软件可继承性等原因，仍然未能彻底解决自身的安全问题。

1. 缺乏用户身份鉴别机制

（1）IP 地址是因特网信息中心分发的并且标识在 IP 数据包中，因此数据包源地址很容易被发现；

（2）协议中没有对于 IP 数据包中源地址真实性的鉴别机制，所以 IP 地址很容易修改伪造。

2. 缺乏路由器协议鉴别认证机制

IP 层上缺乏对于路由器协议的安全认证机制，对于路由信息缺乏鉴别与保护。因此，可以通过修改路由信息来改变网络传输路径。

3. 缺乏保密性

TCP/IP 数据流采取明码传输，用户账号、口令等重要信息无一例外。攻击者可以截取含有用户账号、口令的数据包进行攻击。

4. TCP/UDP 缺陷

TCP/UDP 是基于 IP 的传输协议。TCP 分段和 UDP 数据包是封装在 IP 协议包中传输的。所以，除了面临 IP 层威胁之外，还有 TCP/UDP 实现中的隐患。

（1）建立一个完整的 TCP 连接需要经历 3 次握手过程；握手过程 TCP 连接处于半开放状态。此时攻击者就可能进行拒绝服务攻击。

（2）TCP 提供可靠连接是通过初始序列号鉴别机制来实现的。如果初始序列号不是完全随机的，而是具有可猜想或可计算的规律，攻击者掌握初始序列号和目标 IP 地址，就可以实施 IP 欺骗攻击。

（3）UDP 是一个无连接协议，极其容易受 IP 源路由和拒绝服务攻击。

5. TCP/IP 服务的脆弱性

因特网提供基于 TCP/IP 的服务。应用层协议位于 TCP/IP 体系结构的最顶层。因此，底层的安全缺陷必然导致应用层出现漏洞；各种应用层服务协议本身也存在安全隐患，涉及身份鉴别、访问控制、完整性和机密性等多方面。

六、局域网的网络安全

（一）局域网概述

1. 局域网定义

局域网是指处于同一建筑物、同一机构或方圆几千米内的电信网络。

2. 局域网的主要模式

局域网的主要模式包括对等网络、客户机/服务器网络。

3. 局域网的鉴别类型

局域网的鉴别类型包括令牌环、以太网、10/100/1000Base-T、ATM 和 IEEE 802 LAN（令牌环）。

（二）局域网的安全问题

1. 来自内部的危害

操作失误、存心捣乱、用户无知。

2. 组织管理因素

组织建设、制度建设、人员意识。

（三）局域网的安全措施

- ➢ 备份技术。
- ➢ 归档和存储技术。
- ➢ 容错技术。
- ➢ 访问控制技术。
- ➢ 虚拟网技术。
- ➢ 局域网病毒防范。

七、无线电信网络共同的安全问题

电信网络分为固定电信网络（用户终端固定）和移动电信网络（用户终端移动）两类，移动通信网络分为移动通信网（以手机为主要终端的语音和数据通信）和无线局域网（以装有无线网卡的个人计算机为主要终端的数据通信）两类。电信网络安全首先是从无线移动电信网络开始的。

移动网络利用空间电磁波作为信息载体。因为电磁波没有明确界限，所以更容易遭受攻击；因为移动用户使用更灵活，所以面临更多风险。攻击无线电信网络的目的通常不是破坏无线网络本身，而是寻找进入有线网络的切入点。就基本技术而言，无线网络安全技术遵循通常的计算机网络路线，这是不幸的，也是不可避免的。

（一）无线网络面临的威胁

1. 窃听

攻击者可以比较容易地截获电波信号并解调数据。

2. 通信阻断

干扰阻断通信形成拒绝服务攻击。用户终端和基站都是如此。

3. 数据插入和修改

攻击者向基站插入命令修改控制信息，或者发送大量连接请求，造成网络拥塞。

4. 网络资源伪装

当有合法用户建立连接时，截取连接并与目的用户形成连接以实施攻击。

5. 用户终端伪装

伪装用户进行网络访问。

6. 接入点伪装

在用户未察觉的情况下接入此接入点，泄露认证信息。

7. 匿名攻击

攻击者可以隐藏在网络的任何地方并保持匿名攻击，使得定位和犯罪调查比较困难。

8. 用户终端之间攻击

获取（用户名和密码）机密信息。

9. 隐藏无线信道

电信网络设计者为了测试网络，协议配置隐藏无线信道，这种信道与网络沟通形成"后门"。

10. 服务器标识符（SSID）的安全问题

SSID 是无线接入点用于标示本地无线子网的标志。黑客获得 SSID 就能够对网络实施攻击。

11. 漫游造成的问题

在漫游过程中，用户终端（移动节点）的关键参数要从所属地代理发送给所在地代理，攻击者可以在注册过程中获取这些数据。

（二）无线网络威胁的解决方案

（1）采取安全策略。针对无线网络应用环境制定相应的安全策略，明确无线网络归属管理、接入点的网络安全、网络访问控制、加密、审计和安全事件应急处理。

（2）用户安全教育。

（3）消息鉴别码（MAC）地址过滤。网络通过识别用户终端的 MAC 地址，控制用户建立连接。

（4）服务设置标识符（SSID）问题解决方案。不允许广播 SSID。

（5）天线的选择。采用定向天线，尽可能缩小辐射区域。

（6）使用虚拟局域网（VLAN）和防火墙。一个接入点使用一个VLAN，利用防火墙把 VLAN 与网络其他设备隔开。

（7）虚拟专用网。

（8）利用入侵检测系统监测网络。利用入侵检测系统搜寻非法接入点。

（9）采用安全路由协议。利用认证和加密算法保护路由协议报文。

（三）UMTS 的安全接入

（1）相互认证。服务网络（SN）检验用户终端身份（通用用户识别模块，USIM），终端检测 SN 是否被网络授权进行用户身份验证。通过验证之后，终端检验自己是否接入了合法网络。相互认证成功之后，双方获得加密密钥和完整性密钥。

（2）临时身份。假定用户在 SN 中永久被 IMSI 识别，SN 就给用户分配一个 TMSI，同时保持 TMSI 与 IMSI 的联系。一旦加密开始，就把TMSI 传递给用户，这个当前 TMSI 同时用于上行和下行链路中，呼叫、位置更新、建立链路、拆除链路都要使用 TMSI 的信令。

（3）UMTS 陆地无线接入网络（UTRAN）加密。

（4）无线资源控制（RRC）信令的完整性保护。

八、全球移动通信系统（GSM）的网络安全

（一）GSM 的安全设计目标

无线系统安全性必须与有线系统安全性相当，采用的机制不能降低系统利用率。

（二）GSM 的安全特点

1. 用户认证

每个用户有一个永久密钥，用户识别模块在 SIM 卡中，在认证中心认证。

2. 无线接口的通信加密

每次认证成功都会产生一个新的会话密钥。

3. 临时标识的使用

用户永久身份（国际移动用户识别码，IMSI）尽可能少用，以防泄密。常用临时移动用户识别码（TMSI），TMSI 使用一次改变一次。

（三）GSM 的安全隐患

（1）主动攻击可能性。

（2）敏感数据明码传输。

（3）安全框架的一些重要部分不公开。

（四）2G 安全机制

➢ 用户接入的身份认证。

➢ 无线接口加密。

➢ 无线接口处的身份认证。

➢ 用户识别模块（SIM）管理所有用户参数，作为与终端无关的防篡改硬件。

➢ SIM 卡应用工具包的安全特征是能够在 SIM 卡与本地网服务器之间，提供安全的应用层通道。

➢ 所有安全操作在后台进行，不需要用户参与。

➢ 把服务网络看作不可信任的实体。

（五）3G 安全目标

➢ 确保用户生成信息不被滥用或盗用。

➢ 确保服务网络（SN）和归属环境（HE）提供的资源和业务不被滥用或盗用。

➢ 确保标准化的安全特征适于全球，以支持互联互通。

➢ 确保安全特征充分标准化，以支持漫游。

➢ 确保给用户和业务提供的保护等级，高于当前的固定网和移动网。

➤ 确保安全机制具有良好的可扩展性。

➤ 需要更强和更灵活的安全机制。

九、无线局域网（WLAN）的网络安全

（一）无线局域网的安全标准

IEEE 802.11 使用了一种保护机制"有线对等加密——WEP"，它定义了一套指令和规则使得数据在通过电波传输时获得最起码的安全。

（二）无线局域网的安全威胁

➤ 破解有线等价保密（WEP）。

➤ 黑客入侵。

➤ 无线攻击。

➤ 服务设置标识符（SSID）隐患。

➤ 密钥泄露。

（三）无线局域网面临的无线攻击分类

（1）观测攻击（SA）；

（2）战争驾驶攻击，此概念来源于早期电话拨号攻击，按照特定的顺序拨打所有电话号码，以寻找可能存在的数传机（Modem）；

（3）用户端到端攻击；

（4）恶意访问点，未经网管许可就接入网络的访问点；

（5）人为干扰（拒绝服务）；

（6）破解 WEP；

（7）空中插播的病毒（无线病毒）。

（四）保护无线局域网的安全措施

1. 基于服务的安全措施

（1）采用 WEP；

（2）媒体访问控制（MAC）过滤；

（3）控制辐射区域；

（4）利用过渡区（DMZ）。

2. 第三方方法

（1）防火墙；

（2）虚拟专用网；

（3）远程身份验证拨入用户服务（Radius）。

3. WLAN 保护增强

（1）暂时密钥完整性协议（TKIP），用于补充 WEP 脆弱性；

（2）安全套接字层（SSL）；

（3）入侵检测系统。

十、公共交换电话网（PSTN）的网络安全

（一）固定电信网络的安全问题

➢ 电话骚扰。

➢ 推销电话。

➢ 因特网用户经过传统固定电话网拨号上网引入的安全问题。

➢ 固定电话网用户终端逐步智能化引入的安全问题。

（二）电话防火墙

（1）功能：呼入呼出内容过滤、通信日志和病毒防护。

（2）实现分类：独立防火墙、联机防火墙。

（3）应用分类：电话机防火墙、交换机防火墙。

（三）电信固定网虚拟专用网（VPN）

（1）有服务器的 VPN：VPN 网关串联在用户线上加密，经过 VPN 服务器控制。

（2）无服务器的 VPN：VPN 网关串联在用户线上加密，用户直接协商。

（3）替音电话：把需要传送的秘密语音隐藏在虚拟的明话中传输。

（四）电信固定网入侵检测

- 终端扫描入侵检测。
- 拒绝服务攻击入侵检测。
- 搭线窃听入侵检测。
- 盗用电话入侵检测。
- 电话骚扰入侵检测。

十一、各类网络的通用物理安全

（一）物理安全内容

1. 环境安全

（1）国标《电子信息系统机房设计规范》（GB 50174—2008）；

（2）国标《计算机场地通用规范》（GB/T 2887—2011）；

（3）国标《计算机场地安全要求》（GB/T 9361—2011）。

2. 设备安全

设备防盗、防毁、防电磁泄漏、防线缆截获、抗电磁干扰、电源保护。

3. 媒体安全

防电磁信号侦收。

（二）物理安全措施

- 机房屏蔽。
- 传输系统辐射限制。
- 终端设备辐射防范。
- 设施保护。

十二、ISO/OSI 安全体系结构

（一）建立安全体系结构的目的

从管理和技术上保证安全策略实现，包括安全服务、安全机制、安全管理和安全系统配置。

（二）建立安全体系结构的方法

根据需要保护的系统资源，假定攻击者的目的、手段、后果，分析对系统的威胁，然后考虑系统缺陷和隐患，分析系统的脆弱性，最后建立系统的安全体系结构。

（三）ISO/OSI 安全体系结构标准

1989 年的 ISO/OSI 安全体系结构标准为信息处理系统开放系统互连基本参考模型中的第二部分——安全体系结构。

（四）ISO/OSI 对安全性的一般描述

1. OSI 安全体系结构的功能分层

➤ 物理层：提供为建立、维护和拆除物理链路用的机械、电气接口；透明传输码流和故障检测。

➤ 数据链路层：在实体之间发送和接收数据；进行流量控制。

➤ 网络层：在节点之间提供路由选择、数据交换、拥塞控制。

➤ 传输层：提供建立、维护和拆除端到端的连接；端到端的错误恢复和链路控制。

➤ 会话层：提供两个进程之间建立、维护和结束会话连接功能；提供交互会话管理功能。

➤ 表示层：代理应用进程协商数据表示；完成数据转换、格式化和文本压缩。

➤ 应用层：提供 OSI 用户服务和网络管理。

2. OSI 安全体系结构各层上的安全服务

➤ 鉴别服务：防止假冒威胁。

➤ 访问控制服务：防止未授权使用系统资源。

➤ 数据完整性服务：防止数据非法修改、插入、删除和中断。

➤ 数据保密性服务：防止泄密、信息流量分布。

➤ 抗抵赖性服务：防止抵赖。

3. OSI 安全体系结构的各层上的安全机制

➤ 加密机制：对数据进行密码变换以产生密文。

➤ 数字签名机制：附加在数据单元中的一些数据。

> 访问控制机制：根据实体已经鉴别的身份、实体的信息和实体的权利，实施访问。
> 数据完整性机制：单个数据单元、数字字段、数据单元流、数字字段流的完整性。
> 鉴别交换机制：在 N 层上利用各种鉴别技术实现对等实体鉴别。
> 通信业务填充机制：对抗通信业务分析的保护方法。
> 路由选择控制：根据物理安全、攻击状况、数据安全级别，选择路由的方法。
> 公证机制：由第三方公证，保证实体之间通信数据的完整性。

（五）安全分层及服务配置的原则

> 实现一种服务的方法越少越好。
> 在多个层面上提供安全来建立安全系统是可取的。
> 为安全所需要的附加功能不应该不必要地重复 OSI 现有功能。
> 避免破坏层的独立性。
> 可信功能度的总量尽可能少。
> 任何层实体提供的安全机制，不要违反比较底层实体已经采取的安全机制。
> 只要可能，可以采取嵌入式模块方式定义层的附加安全功能。
> 本标准适用于七层开放系统的端到端系统和中继系统。

（六）OSI 安全休系的安全管理

> 系统安全管理。
> 安全服务管理。
> 安全机制管理。

十三、电信网络的安全属性分析

（一）电信网络机理分类

电信网络由传输系统、复用设备和寻址设备组成，根据复用技术和寻址技术机理分类，两类复用技术和两类寻址技术组合。共形成了四类电信技术体系/网络形态，见**表6-2**。

表6-2 电信网络机理分类

网 络 形 态	复 用 技 术	寻 址 技 术	网 络 示 例
第一类电信网络	确定复用	有连接操作寻址	PSTN
第二类电信网络	统计复用	无连接操作寻址	Internet
第三类电信网络	确定复用	无连接操作寻址	CATV
第四类电信网络	统计复用	有连接操作寻址	B-ISDN

（二）第一类电信网络的网络安全属性分析

1. 第一类电信网络的拓扑结构模型

用户终端与接入电路唯一对应；受信令控制连接的节点和电路完全确定，如图6-2所示。

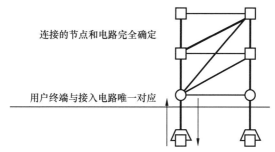

图6-2 第一类电信网络的拓扑结构模型

2. 第一类电信网络的网络安全属性

（1）电话网中用户终端以单独用户线方式接入电信网络，合法用户有明确的用户接入线和编号，因此，用户具有唯一的不可伪造的地址。

（2）第一类电信网络总是先建立连接然后传递信号。所以，连接经过确定的节点，各个节点之间经过确定的电路。因此，在连接的任何截面都可以截获完整的传递信号。

（3）电话网中的控制信号（信令信号和管理信号）与媒体信号（业务信号）分别在不同的电路中传送，控制信号只能传送给信令系统或管理系统，媒体信号只能在用户之间传递。

（4）第一类电信网络的信令网络是一个专用计算机网络，一旦受到攻击将可能破坏电话网络功能。但是，信令网接受一个信令网管理者的管理控制，同时接受所有用户的使用控制。用户终端（电话机）只有寻址功能，智能比较弱。

（5）第一类电信网络的管理网络是专用计算机网络，一旦受到攻击将可能破坏电话网络功能。但是管理网只接受网络管理者一个用户控制。

（6）在四类电信网络中，第一类电信网络具有比较好的网络安全属性。

（三）第二类电信网络的网络安全属性分析

1. 第二类电信网络的拓扑结构模型

用户终端平行接入，通过统计复用共用一条物理电路；在电信网络的输入点与输出点之间，各个信号分组可能通过任何节点以及节点之间的任何电路，如图6-3所示。

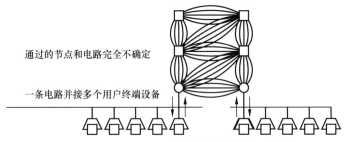

图6-3　IP/Internet 网络安全机理分析示意图

2. 第二类电信网络的网络安全属性

（1）因特网的用户终端以平行方式接入电信网络，用户地址可以由用户终端设定。

（2）在因特网中，网络管理信号与媒体信号采取统计复用，在同一条电路中传递。控制信号（如地址信息）与业务信号在同一个数据包中传递。

（3）在因特网中，传递信号无需事先建立连接，传输经过的节点是随机的，传输经过的各个节点之间的电路也是随机的。因此，在一个传输通路截面，只能截获一次通信过程的部分数据包，不可能完整地识别通信内容。

（4）用户终端（用户计算机）具有比较高的智能，能够设置虚伪地址。由于地址信号可以伪造，所以，以合法用户终端比较容易入侵，而且不容易定位。

（5）因特网同样需要管理网络支持。管理网络是比较薄弱的安全环节。特别是，管理网络通常就是因特网中的一个虚拟专业网络，这样就进一步降低了管理网络的安全性。

（6）在四类电信网络中，因特网的网络安全性最差。

（四）第三类电信网络的网络安全属性分析
1. 第三类电信网络的拓扑结构模型

从节目源输入点到用户终端输出点，经过的电信网络是固定连接的；信号是单方向流动的，如图 6-4 所示。

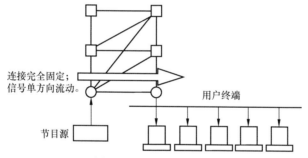

图 6-4　广播电视网络安全机理分析示意图

2. 第三类电信网络的网络安全属性

（1）广播电视网络，支持不需用户单独控制的分配型业务时，用户终端只有接收能力，所以，合法用户没有攻击网络的能力。

（2）支持需要用户单独控制的分配型业务时，用户终端具有接收和发送能力。其中，发送信号只是指示点播内容，不具有寻址内容。所以，受指定寻址设施的限制，合法用户没有攻击网络的能力。

（3）广播电视网络是一个固定连接的信号分配网络，不接受信令控制。所以，没有信令网这类安全薄弱环节。

（4）广播电视网络基本上是一个单方向的分配网络，所以非法入侵定位比较容易实现。

（5）管理网络是广播电视网络的唯一薄弱环节，但是它只接受管理网络管理者一个用户控制，而且管理网不具有网络配置实时控制功能。

（6）广播电视网的传输系统分为无线和有线两种传输方式，这是非法切入可能性比较大的地方。

（7）在四类电信网络中，广播电视网可能具有最好的网络安全属性。

（五）第四类电信网络的网络安全属性分析

1. 第四类电信网络的应用定位

由技术机理及其基本属性决定，B-ISDN 主要适用于核心网络，接入网络可能是 PSTN、Internet 和 FSN 这三类电信网络形态。它不直接支持各类电信业务系统，但是能够通过上述支持网络间接支持各类电信业务系统。工程实用的 B-ISDN 对外只有各类网间接口：

（1）与 PSTN 接口；

（2）与 Internet 接口；

（3）与 FSN 接口；

（4）B-ISDN 网间接口。

2. 第四类电信网络的拓扑结构模型

第四类电信网络作为核心网络时，与边缘网络之间具有确定的输入和输出接口；在输入和输出接口之间通过的节点是确定的，节点之间的电路是不确定的，如图 6-5 所示。

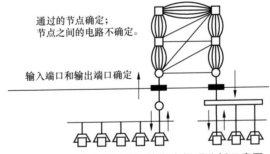

图 6-5 ATM/B-ISDN 网络安全机理分析示意图

3. 第四类电信网络的网络安全属性

（1）B-ISDN 用作核心网络时，群信号进入核心网的输入端口和群信号离开核心网的输出端口都是确定的。

（2）B-ISDN 与 PSTN 一样，先建立连接然后传递信号，连接经过的节点是确定的，连接经过的节点之间的电路是确定的。

（3）电信网络规定，B-ISDN 中的控制信号（信令与管理信号）与媒体信号分别在不同的路径中传送的。控制信号只能在信令系统中传递，媒体信号只能在用户之间传递。

（4）B-ISDN 的信令网络是专用计算机网络，它一旦受到攻击将可能破坏整个核心网络功能。所以信令网络是比较薄弱的安全环节。信令网接受信令网管理者一个用户控制，同时接受来自边缘网络的机间信令控制。

（5）B-ISDN 的管理网络是专用计算机网络，它一旦受到攻击将可能破坏整个核心网络功能。但是，它只接受管理网络的管理者一个用户控制。

（6）核心网络依靠各类长途传输系统支持，而长途传输系统也是比较薄弱的安全环节。

十四、电信网络的网络安全对抗体系结构

（一）电信网络的网络对抗模型

电信网络的网络对抗模型如图 6-6 所示。电信网络中的进攻和防卫是一组对抗事件。在电信网络的各个组成部分都存在对抗事件。网络组成包括媒体网络、同步网络、信令网络、管理网络、电话业务系统、数据业务系统和图像业务系统。网络攻击的主要方式包括利用网络、侦测网络和破坏网络；网络防卫的主要方面包括技术机理、实现技术、工程应用和运营管理。在电信网络的各个部位中，网络防卫总是存在局限性、薄弱环节和漏洞，因此使

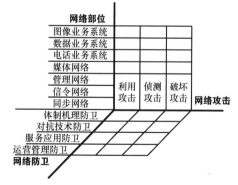

图 6-6　电信网络的网络对抗模型

得网络攻击成为可能；同样，网络攻击也存在局限性、薄弱环节和漏洞，因此使得网络防卫成为可能。网络攻击一再升级，网络防卫一再完善，这就形成可永无尽期的网络对抗。

（二）第一种网络攻击——非法利用

1. 秘密使用网络资源

敌人秘密利用我国电信网络资源，占用通信容量。它不骚扰合法用户，也不破坏网络资源。

（1）平时国内敌人之间秘密通信；

（2）平时和战时国内外敌人之间秘密通信；

（3）战时敌人之间应急秘密通信。

2. 非法骚扰和犯罪

敌人通过合法用户接口，利用我国电信网络资源，骚扰和欺骗合法用户，但不破坏网络资源。

（1）电话政治骚扰；

（2）电话和数据商业骚扰；

（3）电话和数据欺骗犯罪；

（4）广播电视敌对政治煽动插播；

（5）虚伪广告、色情宣传、垃圾邮件、商业欺骗广播。

（三）第二种网络攻击——秘密侦测

1. 秘密侦测电信内容

秘密侦测电信网络传递的信息内容，不骚扰正常通信。

（1）经济信息侦测；

（2）政治信息侦测；

（3）军事信息侦测；

（4）政府高层信息侦测。

2. 秘密侦测网络参数

秘密侦测电信网络技术体制和技术参数，不破坏电信网络资源。

（1）电信网络基本技术体制和参数侦测；

（2）电信网络保密系统技术体制和参数侦测；

（3）电信网络安全系统技术体制和参数侦测；

（4）电信网络中的信息流量分布。

3. 在电信网络中建立侦测环境

在电信网络中建立秘密访问渠道，增强自动侦测能力。

（1）选择重要的目标设置后门；

（2）选择重要的目标安装木马。

4. 通过电信网络侦测信息系统

利用电信网络作为通路，侦测信息系统，不破坏电信网络。

（1）通过电信网络侦测计算机系统；

（2）通过电信网络侦测各种信息业务系统；

（3）通过电磁波辐射接收侦测信息。

（四）第三种网络攻击——恶意破坏

1. 电磁干扰

通常针对无线传输系统，严重时影响整个电信网络。

（1）释放常规电磁干扰，劣化或阻断电磁信号传输；

（2）释放强电磁脉冲干扰，击毁电信网络设备的电子器件。

2. 恶意业务量拥塞电信网络

（1）秘密制造虚伪的大话务量，拥塞电信网络；

（2）释放蠕虫，拥塞电信网络。

3. 恶意控制和破坏电信网络的支持网络

支持网络是电信网络的网络安全薄弱环节。通过在支持网络中设置木马，在必要时启动破坏作用。通过对于电信网络的支持系统的软破坏，使得电信网络全面瘫痪。

（1）恶意控制和破坏同步网。

（2）恶意控制和破坏信令网。

（3）恶意控制和破坏管理网。

4. 破坏电信网络设施

直接破坏电信网络设施，使得电信网络永久性功能失效。

（1）破坏节点设施。

（2）破坏链路设施。

（3）破坏电源设施。

在美国保护网络世界的国家战略中，有这样的文字："在和平时期，敌人可能对政府、大学的研究中心和私营公司开展间谍活动；预先摸清美国信息系统的情况；选择重要的目标并安装后门或其他访问渠道。在战争时期，敌人可能攻击关键基础设施和重要的经济功能；打击公众对信息系统的信心。"这是美国关于网络世界防卫的思想，也是美国关于网络世界攻击的思想。

（五）第一种网络防卫——技术机理防卫

机理防卫是指尽可能采用安全属性比较好的网络形态和传输机制，以建立可信传递机制。

（1）第一类电信网络的合法用户接口具有收发能力，通过合法用户接口可能对网络实施攻击，但是这种接口具有由网络决定的明确地址。在网络内部，信号传递经过受控确定的节点和电路，容易定位。

（2）第二类电信网络的合法用户接口具有收发能力，通过合法用户接口可能对网络实施攻击，而且这种接口的地址可以伪造。

（3）第三类电信网络的合法用户接口只有接收能力，通过合法用户接口不能对网络实施攻击。在网络内部，信号传递经过固定连接，很容易定位。

（4）第四类电话网络作为核心网应用，与边缘网络具有受控确定的接口。在网络内部，信号传递经过受控确定的节点，节点之间的电路不确定。但是不影响信源和节点定位。

（5）有线传输具有比较好的封闭性。

（6）无线传输具有不可避免的开放性。

（六）第二种网络防卫——对抗技术防卫

技术防卫是指尽可能采用网络安全属性比较好的技术方法，包括尽可能减少电信网络实现技术的安全薄弱环节、安全漏洞和安全局限性；采取必要的对抗技术阻止攻击。实现技术方法种类繁多，重点围绕机密性、真实性、可靠性和可用性进行防范。例如：

（1）实现基本功能的技术和实现对抗功能的技术；

（2）支持媒体网络的技术；

（3）由硬件实现的技术和由软件实现的技术等。

它们的共同点是：保障服务质量、追求网络资源利用效率或追求网络安全属性。因此，现实应用的具体实现技术通常都存在种种安全属性缺陷。这是电信网络的网络安全大量存在的防卫方面问题。对抗技术防卫可以充分利用计算机网络对抗技术成就和思路，如电信防火墙、电信入侵检测、电信网络漏洞扫描等技术。

（七）第三种网络防卫——工程应用防卫

工程应用防卫是指电信网络的网络安全属性尽可能与工程应用的相应属性匹配。电信服务有其安全服务等级要求；电信业务系统有其安全服务等级能力，以实现安全等级保护体系。正确的工程应用使得这两种安全属性适配。

（1）要求高网络安全的工程应用，尽可能采用高网络安全的电信网络。

（2）要求低网络安全的工程应用，尽可能采用低网络安全的电信网络。

客观上各类工程应用对电信网络具有不同的要求：

（1）有的要求高服务质量；

（2）有的要求高网络资源利用效率；

（3）有的要求高网络安全性能；

（4）有的要求高经济性。

（八）第四种网络防卫——运营管理防卫

管理防卫是指人员管理在网络对抗中的作用。

电信网络的网络安全对抗本质上是人与人之间的对抗。电信网络资源及其网络安全属性是物质基础；网络安全对抗的最终结果主要取决于人的行为。电信网络中的运营管理非常广泛，如民用通信系统运营管理、军事通信系统运营管理、机要系统运营管理、计算机系统运营管理等。管理防卫方面包括：

（1）电信设备：包括硬件和软件的功能和性能的选择和维护；

（2）电信系统：包括终端和媒体的功能和性能的选择和维护；

（3）电信网络：包括网络结构和节点配置的功能和性能的选择和

维护；

（4）业务系统：对所支持的业务系统，进行明确限制和监视；

（5）网络环境：对网间互通，进行明确限制和监视；

（6）物理环境：包括节点机房和传输通路设施的建设和维护；

（7）供电配电：包括供电和配电系统的建设和维护；

（8）组织管理：包括人员的组织和管理；

（9）人员培训：工作人员的定期强化培训；

（10）规章制度：制订明确的规章制度，力求从源头上杜绝不安全因素。

十五、网络安全防卫中的安全技术方面

（一）网络安全防卫体系结构

电信网络的网络安全防卫体系如图 6-7 所示。

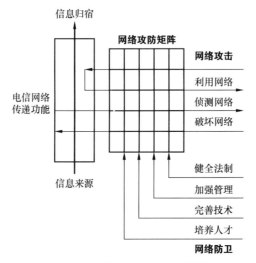

图 6-7　网络安全防卫体系结构

（1）健全法制；

（2）加强管理；

（3）完善技术；

（4）培养人才。

（二）网络安全技术方面

1. 机理防卫与技术防卫

电信网络基本机理决定采用什么实现技术实现电信网络；基本安全属性决定采用什么具体安全技术以及这些安全技术可能发挥的作用。所以，在设计电信网络时，首先要根据服务质量、网络资源利用效率、网络安全和成本限制，来选择电信网络机理体制，然后才选择具体实现技术，否则将后患无穷。这就是计算机网络安全悲剧的根源。当年，在可信环境中利用因特网互联计算机系统是一个重大发明。如今，在不可信环境中工作却成了重大悲剧。

2. 反应式和预应式策略

反应式（Reactive）策略是指就事论事地在需要的地方设置安全控制。这种策略已经不能适应近期网络对抗形势。需要建立预应式（Proactive）策略，根据风险分析，建立安全控制。预应式安全策略包括：了解你的组织；进行风险评估；鉴定数字财产；进行资产保护；识别并清除漏洞；建立并实施安全策略；对员工进行安全教育；不断重复上述过程。

3. "周边防卫策略"与"相互猜疑策略"

国际上早年普遍采取的"周边防卫策略"是指防止外部攻击者穿透周边，以保护网络内部的所有内容。但是，攻击者一旦突破周边，就取得了内部资源的全部控制权。这种策略随着对抗升级和网络复杂化，其弱点逐渐突出，效能逐渐降低。因此，需要采取比较有效的其他防卫策略。例如，"相互猜疑（Mutual Suspicion）策略"，它是指网络的每个组成部分总是猜疑其他组成部分，因此，资源访问必须经常重新授权。

4. 单项技术防卫与防卫技术之间的配合与联合

单项技术功能是网络安全防卫的基础，在信息安全和计算机网络安全技术发展过程中曾经起到重要作用。然而，现在需要建立和维持整个社会的安全秩序。这时单项技术已经力不从心，必须考虑不同单项技术相互配合。处于不同位置的单项技术组成联队，甚至需要处于不同位置的不同单项技术，通过专用智能网络组成安全防卫系统。

5. 防卫技术的相关性与独立性

从上述讨论中可以看出，安全技术可以分为保卫信息安全的技术、保卫计算机网络安全的技术和保卫电信网络安全的技术。而且还可以看出这些技术之间具有明显的相关性。计算机网络安全技术早期借鉴于信息安全技术；电信网络安全技术早期借鉴于计算机网络安全技术。众所周知，这种相关性不利于整体防卫。明确网络对抗形势要求，尽可能减少各类防卫技术之间的相关性，强调网络防卫技术之间的独立性。

十六、家庭网络面临的网络安全问题

上述所有电信网络的安全问题都涉及家庭网络，而且其中大部分安全问题都是在家庭网络中表现出来的。因此，电信网络出现的安全问题，基本上就是家庭网络面临的安全问题。这些问题归纳如下：

（1）不可信网络世界中的可信系统；

（2）信息安全体系框架的极端重要性；

（3）无所不在的互联网在扩散脆弱性；

（4）软件是脆弱性的主要所在；

（5）攻击和脆弱性都在迅速增长；

（6）无休止的"补丁"不是解决安全问题的办法；

（7）目前采取的"周边防御策略"的弱点已经非常清楚；

（8）开发长期安全系统工程设计新思想；

（9）需要崭新的安全模型和方法。

为了保障电信网络的安全，即为了保障家庭网络的安全，需要设置以下研究课题：

➢ 鉴别与认证技术；

➢ 安全的基础协议；

➢ 安全的软件工程和软件自主保障；

➢ 基于相互猜疑（Mutual Suspicion）原理的网络安全模型；

➢ 整体的系统安全；

➢ 监视和探测；

➢ 支持新技术研究的型号与测试台；

➢ 安全评测、量度、基准和实际应用。

第七章　有关数字家庭的广播电视网总体技术

本章要点

★ 模拟广播电视网络发展历程

★ 有线电视（CATV）宽带综合业务网概况

★ 混合光纤/同轴电缆网（HFC）总体轮廓

★ 基于 ATM 的 HFC（ATHOC）系统

★ 广播电视网数字化发展历程

★ 数字视频广播系统

★ 中国地面数字电视广播传输系统（CDMB-T）

★ 广播电视信源编码发展概况

★ 有线数字电视机顶盒概况

★ 广播电视网与其他电信网络的关系

★ 关于基于 CATV 的家庭网络讨论

一、模拟广播电视网络发展历程

模拟广播电视网络发展历程如图 7-1 所示,共经历了如下几个历程:

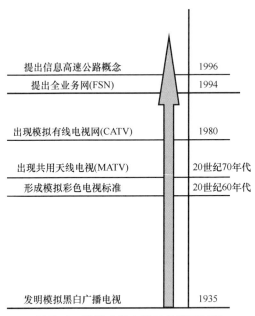

提出信息高速公路概念	1996
提出全业务网(FSN)	1994
出现模拟有线电视网(CATV)	1980
出现共用天线电视(MATV)	20世纪70年代
形成模拟彩色电视标准	20世纪60年代
发明模拟黑白广播电视	1935

图 7-1　模拟广播电视网络发展历程

（1）1935 年发明模拟黑白广播电视;

（2）20 世纪 60 年代形成模拟彩色电视标准（NTSC、PAL、SECAM）;

（3）20 世纪 70 年代出现公共天线电视（Merial Aerial Television，MATV）;

（4）20 世纪 70 年代出现具有简易前端的共用天线电视（Community Aerial Television，CATV）;

（5）1980 年出现模拟有线电视网;

（6）1994 年 12 月 14 日美国召开了由时代华纳公司提出的全业务网（Full Service Network，FSN）新闻发布会;

（7）1994 年发明模拟彩色点播电视;

（8）1996 年提出支持综合业务的信息高速公路概念。

二、有线电视（CATV）宽带综合业务网概况

（一）CATV 的构成

CATV 支持的用户终端业务是广播电视。CATV 采用混合光纤/同轴电缆网络（HFC），它以模拟频分复用技术为基础，综合利用模拟和数字传输技术，获得频带宽、容量大、双向性、抗干扰能力强等属性。

有线电视网（CATV）如图 7-2 所示。

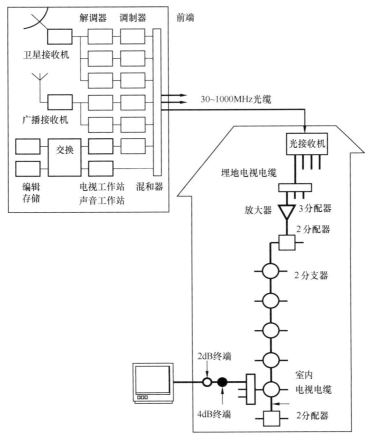

图 7-2　有线电视网（CATV）图解

（二）CATV 按功能分类

1. 单方向模拟电视和声音广播网络

2．交互式数据和 IP 电话网络

3．交互式视频服务系统

交互式视频服务系统支持点播电视 VOD、准视频点播 NVOD、检索、浏览、远程教学、电子游戏等。

（三）CATV 按传输分类

1．同轴电缆传输

2．微波传输系统

3．电缆光缆混合传输系统（HFC）

因为 HFC 比 ADSL 和 PON 便宜，所以 CATV 宽带综合业务网主要采用 HFC。

三、混合光纤/同轴电缆网（HFC）总体轮廓

（一）混合光纤/同轴电缆网络构成

混合光纤/同轴电缆（HFC）网络可以单独支持 CATV，也可以同时支持 CATV 和交互型业务。HFC 利用光纤作为馈线网传输，以保障高传输质量；利用同轴电缆作为配线网传输，以利用原有资源。HFC 网络以模拟频分复用为基础，综合应用模拟和数字传输技术。HFC 是 CATV 和 PSTN 结合的产物，是光纤向用户推进的一种经济策略，如图 7-3 所示。

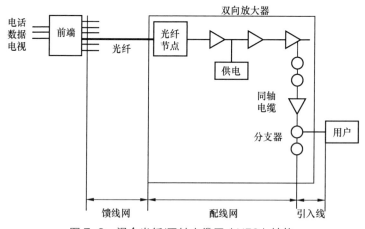

图 7-3 混合光纤/同轴电缆网（HFC）结构

（二）HFC 典型频谱安排

HFC 典型频谱安排如图 7-4 所示。

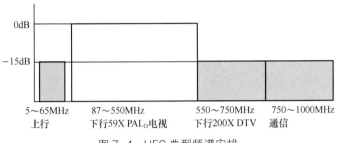

图 7-4 HFC 典型频谱安排

（三）HFC 传输功能分类

HFC 分为单向传输系统和双向传输系统。

（1）HFC 单向传输系统

HFC 单向传输系统如图 7-5 所示。

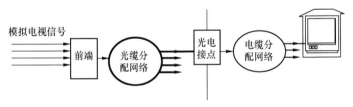

图 7-5 HFC 单向传输系统

（2）HFC 双向传输系统

HFC 双向传输系统如图 7-6 所示。

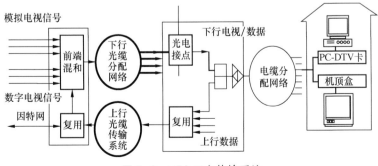

图 7-6 HFC 双向传输系统

（四）HFC 单向分配系统

HFC 单向分配系统如图 7-7 所示，仅仅支持 CATV。其中，D_S 是 HFC 与前端的接口；Q_{AN} 是 HFC 与管理网接口；A_1 相当于 B-ISDN 的 T_B 参考点；STB 为机顶盒；NIU 为网络接口单元；TC 为会聚（子层）；PMD 为物理媒体相关（子层）；OLT 为光线路终端；MPEG 为运动图像专家组。

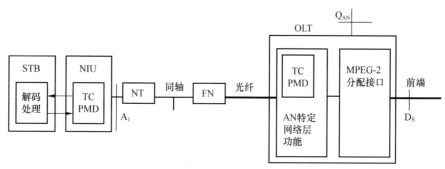

图 7-7　HFC 单向分配系统

（五）以 MPEG-2 为基础的 HFC 系统

以 MPEG-2 为基础的 HFC 系统如图 7-8 所示，同时提供 CATV 和双向交互型业务。其中，V_{B5} 提供与 ATM 交换的互操作；D_S 提供与 OLT 的互操作；MPEG-2/ATM 互通把 ATM 转换成 MPEG-2 数据流；AN 特定网络层功能是使得 HFC 实现双向传输。

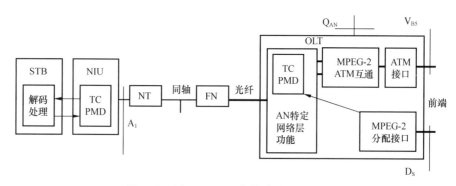

图 7-8　以 MPEG-2 为基础的 HFC 系统

（六）以 ATM 为基础的 HFC 系统

这是一种以 ATM 为基础的双向 IIFC，如图 7-9 所示。这种 HFC 同时提供 CATV 和双向交互型业务。利用 ATM 完成在接入网上传输会聚数字信号。此时双向交互型业务可以直接由 HFC 传递，不需要转换成 MPEG-2 传递数据。因此，不需要 ATM/MPEG-2 转换。图中，V_{B5} 提供与 ATM 交换的互操作；D_S 提供与 OLT 的互操作；MPEG-2/ATM 互通把 ATM 转换成为 MPEG-2 数据流；AN 特定网络层功能是使 HFC 实现双向传输。

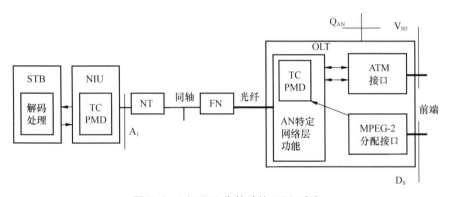

图 7-9　以 ATM 为基础的 HFC 系统

四、基于 ATM 的 HFC（ATHOC）系统

基于 ATM 的 HFC 网络支持两类业务：交互式电视业务（ITV）和 Internet 等高速数据业务。

（一）交互式电视业务（ITV）

前端采用 ATM 节点交换机，用户端采用数字机顶盒。ITV 业务采用 8MHz 频分复用，在 8MHz 内采用时分复用。

（二）Internet 等高速数据业务

前端采用电缆调制解调器终端系统（CMTS），用户端采用电缆调制解调器（CM）。数据业务下行通道为 10～30MHz 传输 ATM 数字信号。

由前端服务器和用户终端单元（HTU）发出的数据首先构成 IP 数据包，然后采取 IP over ATM 方式变成 ATM 信号，目的是保证业务质量。

基于 ATM 的 HFC（ATHOC）系统如图 7-10 所示，该系统有如下特点。

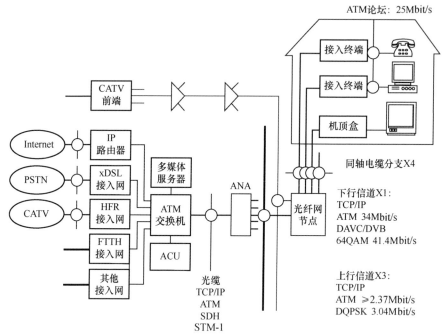

图 7-10　基于 ATM 的 HFC（ATHOC）系统

（1）利用虚拟交换连接（SVC）支持 ATM。

（2）利用服务等级（DiffServ）支持 IP 业务质量。

（3）光缆与电缆连接支持 CATV 信道与 ATM 信道结合。

（4）ATM 交换机网络面与 PSTN、Internet、CATV 互通。

（5）ATM 交换机用户面通过适配器（ANA）与光纤网络节点分支设备连接。光纤网络节点分支设备具有 4 个 HFC 电缆分支，每个分支具有一个下行信道和 4 个上行信道。其中，下行信道符合数字电视广播（DVB）标准数据帧结构，提供 34Mbit/s 的 ATM 传输能力；每条上行信道都采用频分和时分复用接入（FTDMA）技术，提供 2.4Mbit/s 的 ATM 传输能力，上行信道具体使用可以通过适配器（ANA）内的 MAC 设置。

（6）用户接入终端（ANT）通过电缆调制解调器（25Mbit/s 接口）与个人计算机连接，ANT 支持上行服务等级（DiffServ）功能，具有相应带宽分配功能。

（7）接入控制单元（ACU）对 ANA 和 HFC 实施集中管理。

五、广播电视网数字化发展历程

数字电视（DTV）是指音视频信号从演播室制作，经过信道传输，直到接收处理都采用数字技术的电视系统。广播电视网数字化发展历程如图 7-11 所示。

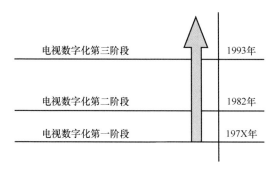

图 7-11　广播电视网数字化发展历程

（一）电视数字化第一阶段（197X—1982 年）

第一阶段的任务是利用数字电视技术改善模拟彩色电视质量，并提出了两类改善模拟彩色电视质量的电视机。

1. 标准清晰度电视（SDTV）

它是主观评价质量等效 PAL-D 模拟电视系统的数字电视系统。

2. 高清晰度电视（HDTV）

图像分辨率在水平和垂直两个方向上近似为 SDTV 图像分辨率的两倍，图像宽高比为 16:9，并且能够传送高质量伴音的数字电视系统。

（二）电视数字化第二阶段（1982—1993 年）

第二阶段的任务是演播室内数字化。在此期间，ITU-R 提出了 BT.601-5 建议。

（三）电视数字化第三阶段（1993 年至今）

第三阶段的任务是传输链路数字化。

1. 电视数字传输链路分类

（1）卫星数字传输链路（S）；

（2）地面数字传递网络（C）：

（3）地面数字无线广播（T）。

2. 1993 年美国大联盟提出数字电视国家标准（ATSC）

3. 1993 年欧洲提出数字视频广播系统（DVB）

其中包括：

（1）卫星数字链路（DVB-S）；

（2）数字电视网络（DVB-C）；

（3）地面数字无线广播（DVB-T）。

4. 1997 年日本提出综合业务数字广播—地面（ISDB-T）系统标准

国际上目前形成了 3 类数字彩色电视传输链路数字化标准：ATSC、DVB、ISDB。

5. 中国数字链路标准

中国的卫星数字链路和数字电视网络采用欧洲 DVB-S 和 DVB-C 标准；地面数字无线广播采用清华大学提出的 VDMD-T（中国数字移动地面广播标准）。2003 年开始体制试验，2005 年开始使用地面数字无线广播，计划 2015 年关闭地面模拟无线广播。

（四）数字化电视机分类

（1）分体机：模拟电视机+数字机顶盒；

（2）一体机：模拟电视机内置数字卡。

两种数字电视机功能相同，都接收统一的数字电视广播（数字电视网络和数字无线地面广播）。

六、数字视频广播系统

（一）数字视频广播分类

数字视频广播系统 DVB（Digital Video Broadcasting，DVB）包括

卫星（DVB-S）、电缆（DVB-C）和地面广播（DVB-T）系统，支持普通电视和高清晰度电视的广播和传输。

DVB 要求系统灵活传送 MPEG-2 视频和音频编码，以及其他数据信号，统一使用 MPEG-2 传输流；使用统一的服务信息系统提供广播节目相关信息；使用统一的里德—所罗门前向纠错；使用统一的加扰系统。可以采用不同的加密方法；不同的调制方法和信道编码方法；不同的附件纠错方法。

（二）基于 HFC 的电缆数字电视系统（DVB-C）

基于 HFC 的电缆数字电视系统如图 7-12 所示。

➢ 设计目标：利用 CATV 网络同时支持数字电视、视频点播（VOD）和计算机数据。

➢ 工作环境：城市、地区接入家庭。

➢ 传输系统选择：兼用 CATV 光缆。

➢ 技术体制选择：HFC 技术体制。

➢ 总体框架：综合利用 HFC 网络，保持 CATV 功能；利用机顶盒，共用电视机屏幕，支持数字电视功能；利用 PC-DTV 卡，把个人计算机与因特网连接起来。

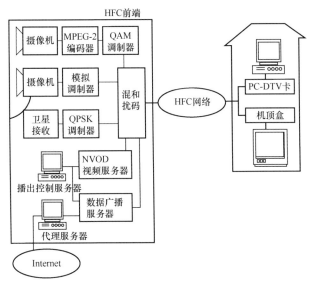

图 7-12　基于 HFC 的电缆数字电视系统（DVB-C）

（三）采用 CATV 的数字电视广播（DVB-C）接收机顶盒

数字电视广播接收机顶盒机理如图 7-13 所示。

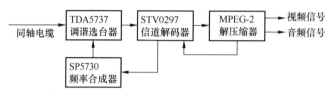

图 7-13　数字电视广播（DVB-C）接收机顶盒

1. 机顶盒功能

（1）显示用户设备、网络传输和节目资源状态；

（2）把用户点播信号发送给业务提供者；

（3）用户控制功能；

（4）交互业务功能；

（5）通过个人计算机的数据传输。

2. 机顶盒有关技术

（1）复用和解压缩技术；

（2）下行数据解调和信道解码技术；

（3）上行数据调制和信道编码技术；

（4）因特网浏览技术；

（5）实时软件控制系统。

七、中国地面数字电视广播传输系统（CDMB-T）

（一）支持业务

地面数字多媒体电视广播（DMB-T）系统支持地面多媒体业务，包括 HDTV、音频、视频、数据广播和交互多媒体业务。

（二）技术特性

➤ 高信息量：一个 8MHz 带宽的模拟电视频道为 HDTV 节目提供大于 24Mbit/s 的单信道净荷传输码率；

➤ 高度灵活的操作模式：通过选择不同的调制方案，系统能够支持固定、便携、步行或移动接收；

➢ 高度灵活的频率规划和覆盖区域：能够使用单频网和同频道覆盖扩展器/缝隙填充器的概念，通过选择不同保护间隔的工作模式构建 16km 和 36km 以上覆盖范围的单频网；

➢ 支持不同的应用：如 HDTV、SDTV、数据广播、互联网、消息传送等；

➢ 支持多个传送/网路协议：如 MPEG-2 和 IP 协议集。易于和其他的广播和通信系统接口；

➢ 在 OFDM 调制系统（TDS-OFDM）中实现了信道编码和时域信道估计/同步方案：降低系统 C/N 门限，以此降低发射功率，从而减少对现有模拟电视节目的干扰；

➢ 便携接收终端：其帧结构设计每 500ms 的数据都有地址信息，方便多媒体信息分离与储存，支持低功耗模式；按帧地址时间分片，同时帧体频域子载波可以定义信息频分，时—频二维分割、灵活信息重组，支持包括看电视在内的手机多媒体接收功能；

➢ 支持高数据率、高速移动接收：简单天线、单信道高清电视高速移动接收；

➢ 主要工作模式：传输速率可选范围 4.813～32.486Mbit/s；调制方式可选 QPSK、16QAM、64QAM；保护间隔可选 55.6μs、125μs；内码码率可选 4/9、2/3、8/9。

（三）方案构成

电视节目或数据、文本、图片、语音等多媒体信息经过源编码、信道编码后，通过一个或一个以上的发射机发射出去，覆盖一定的区域。

根据地面数字多媒体电视广播的服务需求、传输条件和信道特征，DMB-T 传输系统采用了一种称为时域同步正交频分复用（TDS-OFDM）的多载波调制方式。这种调制方式是针对地面数字多媒体电视广播传输信道的线性时变的宽带传输信道特性（频域选择性与时域选择性同时存在的传输信道）所设计的。为了进一步提高传输效率，采用了最新的纠错编码和交织编码技术。中国地面数字电视广播传输系统如图 7-14 所示。

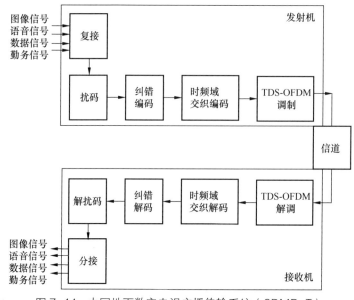

图 7-14　中国地面数字电视广播传输系统（CDMB-T）

（四）实现技术

1. TDS-OFDM 调制

DMB-T 系统采用了 TDS-OFDM，其特点是带自身保护的同步帧头采用了伪随机序列。在每个 OFDM 帧体之前，插入具有前保护位和后保护位的时域帧同步序列，该同步序列集比特同步、帧同步、载波同步、信道估计等多种处理功能于一身，同时还可用于数据帧寻址和位置定位。

2. 数字电视广播帧结构

为了实现快速和稳健的同步技术，DMB-T 传输系统采用了分级帧结构。它具有周期性，并且可以和绝对时间同步。帧结构的基本单元称为信号帧，225 个信号帧定义为一个帧群，帧群的第一个信号帧定义为帧群头或控制帧。480 个帧群定义为一个超帧。帧结构的顶层称为日帧，由超帧组成。

3. 广播同步传输技术

PN 序列除了作为 OFDM 块的保护间隔以外，在接收端还可以被用于信号帧的帧同步、载波恢复与自动频率跟踪、符号时钟恢复、时域信道均衡和信道频率相应估计等。由于PN序列与DFT块的正交时分复用，而且PN序列对于接收端来说是已知序列，因此，PN序列和DFT块在接收端是可以被分开的。接收端的信号帧去掉PN序列后可以看作是具有零填充保护间隔的OFDM。

4. 适用多码率的纠错编码方法

针对数字电视广播和通信系统中多种调制方式下系统对信道纠错编码的要求，提出并实现了一种多码率纠错编码方法。提高了系统的抗误码性能，并且适用于多种传输调制方式，如 QPSK、16QAM 和64QAM 等。

（五）DMB-T 系统的技术特点

1. OFDM 调制时域同步技术

DMB-T 采用称为时域同步正交频分复用（TDS-OFDM）技术，将PN序列填充传统OFDM的保护间隔作为帧头。由于此帧头信号在接收端是已知的，进而可以被去除，因此在对抗ISI的意义上等同为零填充的保护间隔。同时，PN序列作为同步序列，又被用于实现同步。而且，在接收端可用该PN序列通过相关算法获得对无线信道的时域冲击响应的估计。

2. OFDM 调制保护间隔的新定义

DMB-T 系统中新定义了保护间隔的填充信号，从而定义了以 PN序列（PN-Padding）为保护间隔的 OFDM 信号，简称 TDS-OFDM。在DMB-T TDS-OFDM 系统中，保护间隔中填充的 PN 序列有以下重要作用：作为 OFDM 调制的保护间隔；PN 序列作为同步序列；用于信道估计和跟踪相位噪声。

3. 与绝对时间同步的分层帧结构

TDS-OFDM 独特的复帧结构既和绝对时间秒、分、时、日同步，又保持每500ms 的数据信号都有自己的地址信息，具有广播和通信的双重特点。

4. 串行级联系统卷积码纠错技术

DMB-T 提出了一种新的串行级联编码与符号映射方式的组合，其基本特征是由外码（RS 码）、字节交织器和内码（系统卷积码+随机交织器+系统卷积码/符号映射编码）组成，它可以支持最大后验概率迭代解码，并以较低的复杂度获得与 Turbo 码相当的性能。为了适应最大后验概率迭代解码的需要，本方案相应地提出了一种使最小欧氏距离最大化的映射方法。

5. 传输效率或频谱效率高

DMB-T 系统的 PN 同步序列放在 OFDM 保护间隔中，既作为帧同步，又作为 OFDM 的保护间隔。DMB-T TDS-OFDM 将时域保护间隔填充一个带自身保护措施的 PN 序列，同时用于同步信号传输和实现信道估计功能，这样，DMB-T 系统的传输效率比较 DVB-T 系统提高约 10%。

6. 抗多径干扰能力强

OFDM 系统固有的具有抵抗多径干扰的能力，抵抗多径干扰的大小等于其保护间隔的长度。DMB-T 的时间保护间隔中插入的是已知的（系统同步后）PN 序列。在给定信道特性的情况下，PN 序列在接收端的信号可以直接算出，并去除。而且，在多径延迟超过时间保护间隔的情况下，DMB-T 仍能工作。TDS-OFDM 可以把几个 OFDM 帧的 PN 序列联合处理，使抵抗多径干扰的延时长度不受保护间隔长度的限制。

7. 信道估计性能良好

对于多径信道，TDS-OFDM 的 PN 序列与多径信道造成的干扰信号是统计正交的。计算机仿真和样机实测结果都证明 DMB-T 在多径信道下的性能明显优于采用 COFDM 技术的 DVB-T 标准。

8. 适于移动接收

移动接收产生了多普勒效应和遮挡干扰，使传输信道具有随时间变化的特性（时变特性）。DMB-T、TDS-OFDM 的信道估计仅取决于 OFDM 的当前符号，只需考虑 1 个 OFDM 符号的信道变化影响。可以看出，DMB-T 系统更适于移动接收，其移动特性优于欧洲 DVB-T 系统。

9. 易于构筑单频网

DVB-T 在 MPEG 码流层进行单频网同步，其实现技术比较复杂。DMB-T 的帧结构以整秒为单位，能够在传输物理层对单频网进行同步，实现设备简单，建网成本低。DMB-T 系统与绝对时间同步还有利于收发同步、双向传输、点播等新业务。

八、广播电视信源编码发展概况

（一）广播电视信源编码发展历程

（1）1990 年发明 H.261：关于视频编解码的第一个国际建议，主要用于可视电话和会议电视。

（2）1991 年发明 JBIG 标准：用于二值图像的累进压缩编码，主要应用于图片传真。

（3）1992 年发明 JPEG 标准：连续色调静止图像的压缩与编码。用于彩色传真、静止图像、可视通信、印刷图片、检索和存储。

（4）1993 年发明 MPEG-1：用于数字存储媒体编码速率高达 1.5Mbit/s 的活动图像及其伴音的编码，主要应用于数字存储。

（5）1994 年发明 MPEG-2：活动图像及其伴音信息的通用编码（ITU-T 建议 H.262），主要用于 HDTV。

（6）1995 年发明 H.263：用于低比特速率通信的语音编码（编码速率≤64kbit/s）。

（7）199X 年发明 MPEG-4：针对音视频对象的编码方式（MPEG-1/MPEG-2 基于像素点的编码方式），支持逐行和隔行扫描。

（二）媒体音频编码技术现状（2005 年）

在《基于电信网络的家庭网络总体技术要求》报批公示文稿附录 C——《媒体编码技术中》，关于音频编码标准的目标应用和特性归纳见表 7-1。

表 7-1　　　　　音频编码标准的目标应用和特性归纳

音 频 标 准	目 标 应 用	特　性
G.711 （PCM）	PSTN 电话	无压缩 简单
G.723/726/728/729/729A	VoIP H.323 系统 移动电话	压缩率高 采用 CS-ACELP/ADPCM 算法
G.722.2	3G 有线宽带语音	CELP 自适应可变速率，音质好

续表

音 频 标 准	目 标 应 用	特　　性
MPEG-2 高级音频编码 （AAC）	广播 网络音乐下载	音质好 支持立体声和多声道
MPEG-4 高级音频编码 （AAC） Dolby	广播 网络音乐下载 影剧院	音质好 支持立体声和多声道 多档次和级别 音质好
AC-3	家庭影院 HDTV	支持多声道

（三）我国媒体音频编码技术研究新进展（2006年）

2006年8月21日，中国信息产业部在其互联网上发布了《多声道数字音频编解码技术规范》（GB/T 22726—2008）。本规范规定了多声道数字音频压缩编解码技术方案，有如下几个特点。

（1）本规范规定的数字音频编解码技术方案的信号通道能保持24bit以上的精度（除了因量化而有意舍弃的精度外）。可支持的声道设置除了常见的立体声、5.1环绕声、6.1环绕声和7.1环绕声之外，还为未来的音频技术发展预留了空间（最多可支持64.3环绕声）。

（2）本规范可支持8～192kHz的标准采样频率，包括44.1kHz和48kHz。

（3）本规范对编码比特率（码率）没有明确限制，在具体应用时可根据信道带宽和音质要求等因素来设定。

（4）本规范适用于各种数字音频广播、数字电视伴音、家庭影院、网络流媒体以及个人媒体播放器等应用领域。

九、有线数字电视机顶盒概况

（一）数字电视机顶盒原理

数字电视机顶盒由网络通信接口、媒体处理单元、核心控制单

元、各类外部设备、媒体播放接口和遥控设备 6 部分组成，如图 7-15
所示。

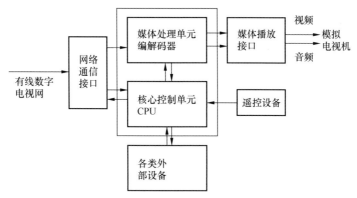

图 7-15 数字电视机顶盒原理图

（二）基于 HFC 的数字机顶盒的典型构成
1. HFC 网络交互式数字机顶盒硬件结构

基于 HFC 的数字电视机顶盒原理如图 7-16 所示。

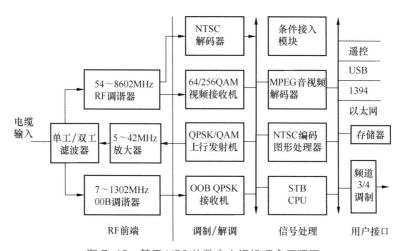

图 7-16 基于 HFC 的数字电视机顶盒原理图

2. HFC 网络交互式数字机顶盒软件结构

HFC 网络交互式数字机顶盒软件结构如图 7-17 所示。

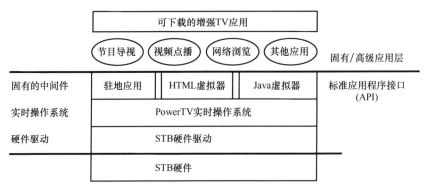

图 7-17　HFC 网络交互式数字机顶盒软件结构

（三）基于 HFC 的数字机顶盒的典型应用分类

数字机顶盒的应用分为基本应用、互动电视应用和 Internet 应用。

1.　固有的基本应用

（1）电子节目指南（EPG）：支持用户快捷地寻找需要的节目。

（2）马赛克电视：利用多个活动图像的组合进行节目导航的方法。

（3）家长的控制。

2.　基于电视的互动式应用

（1）按次付费收看（PPV）和立即按次付费收看（IPPV）。

（2）脉冲式的付费电视（IPPV）。

（3）增强广播（EB）。

（4）准视频点播（NVOD）：运营商在多个频道上广播不同时间开始的同一节目，支持用户选择这种节目。

（5）互动和目标明确的广告。

（6）视频点播（VOD）。

3.　基于因特网的应用

（1）机顶盒网络浏览器。

（2）电子邮件（E-mail）。

（3）电子商务（E-commerce）。

（4）家庭银行。

（5）家庭教育。

（6）家庭游戏。

（7）数据广播：数据广播方式包括数据管道、数据流、多协议封装、数据轮播、对象轮播等。

（8）远程在线升级：远程软件升级。

（四）有线数字电视机顶盒技术实现分类

（1）按主芯片分类：FUJITSU、ST、ATI、LSILOGIC、IBM 和PHILIPS。

（2）按条件接收分类：中视联、永新同方、算通科技和 NDS；条件接收（Conditional Access-AC）是指确保只有经过授权的人才能接收到广播内容的接收系统。

（3）按中间件分类：alticast、NDS 和 opentv。

（4）按业务功能分类：基本型、增强型和高档型。

（5）按分辨率分类：SDTV 机顶盒和 HDTV 机顶盒。

（五）典型有线数字电视机顶盒

- ➤ CDVBC5120 机顶盒（LSI SC2005、Irdeto CA）。
- ➤ CDVBC5350 机顶盒（STi 5518、中视联 CA）。
- ➤ CDVBC5600 机顶盒（LSi 5516、中视联 CA、MHP 中间件）。
- ➤ CDVBC5660 机顶盒（QAMi5516、Nagra France CA）。
- ➤ CDVBC5120 OP 机顶盒（SC2005、Open TV 中间件、Irdeto CA）。
- ➤ CDVBC5180 机顶盒（SC2005、Nagravision CA）。
- ➤ CDVBC5668 机顶盒（SC2005、NDS CA、NDS Core 中间件）。
- ➤ CDVBC8800 高标清兼容机顶盒（ATI X225、中视联 CA）。

（六）有线数字电视机顶盒相关国家标准

- ➤ 《包装储运图示标志》（ISO 780、GB/T 191—2008）。
- ➤ 《信息交换用汉字编码字符集、基本集》（GB 2312—1980）。
- ➤ 《计数抽样检验程序　第 1 部分：按接收质量限（AQL）检索的逐批检验抽样计划》（GB/T 28281—2012）。
- ➤ 《周期检查计数抽样程序及抽样表》（GB/T 2829—2002）。
- ➤ 《PAL-D 制电视广播技术规范》（GB 3174—1995）。

➢ 《电气设备用图形符号 第 2 部分：图形符号》（GB/T 5465.2—2008）。

➢ 《音频、视频及类似电子设备 安全要求》（GB 8898—2011）。

➢ 《声音和电视广播接收机及有关设备抗扰度 限值和测量方法》（GB/T 9383—2008）。

➢ 《声音和电视广播接收机及有关设备 无线电骚扰特性 限值和测量方法》（GB 13837—2012）。

➢ 《电视广播接收机用红外遥控发射器技术要求和测量方法》（GB/T 14960—1994）。

《电磁兼容 限值 谐波电流发射限值(设备每相输入电流≤16A)》（GB 17625.1—2012）。

➢ 《标准清晰度电视 4:2:2 数字分量视频信号接口》（GB/T 17953—2012 ）。

➢ 《信息技术 运动图像及其伴音信息的通用编码 第 1 部分：系统》（GB/T 17975.1—2010）。

➢ 《信息技术 运动图像及其伴音信号的通用编码 第 2 部分：视频》（GB/T 17975.2—2000）。

➢ 《信息技术 运动图像及其伴音信号的通用编码 第 3 部分：音频》（GB/T 17975.3—2002）。

➢ 《电视广播接收机红外遥控部分的技术要求和测量方法》（SJ/T 10514—1994）。

➢ 《彩色电视广播接收机基本技术参数》（SJ/T 11285—2003）。

➢ 《标准清晰度数字电视系统的主观评价》（ITU-R RT 1129—2：1998）。

➢ 《高清晰度电视图像质量的主观评价》（ITU-R BT 710—4：1998）。

➢ 《电视和声音信号的电缆分配系统设备与部件 第 1 部分:通用规范》（GB/T 11318.1—1996）。

（七）有线数字电视机顶盒相关行业标准

➢ 《有线数字电视广播信道编码与调制规范》（GY/T 170—2001）。

> ➢ 《数字电视广播条件接收系统规范》（GY/Z 175—2001）。
> ➢ 《数字电视图像质量主观评价方法》（GY/T 134- 1998）。
> ➢ 《有线数字电视机顶盒技术要求和测量方法》（GY/T 240—2009）。
> ➢ 《高清晰度有线数字电视机顶盒技术要求和测量方法》（GY/T 241—2009）。
> ➢ 《城镇建筑有线数字电视信息化网络建设技术规范》（DB45/T 808—2012）。
> ➢ 《有线数字电视广播 QAM 调制器技术要求和测量方法》（GY/T 198—2003）。
> ➢ 《有线数字电视系统技术要求和测量方法》（GY/T 221—2006）。
> ➢ 《电视接收机有线数字电视接收卡接口技术规范》（GY/T 245—2010）。

十、广播电视网与其他电信网络的关系

　　早期的广播电视网（无线广播电视、共用天线电视、有线电视网）主体是一个分配网络。利用电信网络的传输和复用技术顺利解决了其网络问题。当提出全业务网概念时，遇到了必须自主解决双向传输的特殊难题。至于向信息高速公路方向发展，电信网络方面已经做好了必要准备。

　　广播电视网基本上根据它自身的内在规律发展着，但是基本实现技术却在各类技术体系和网络形态之间传播着。对电视网与电话网之间的融合，曾经提出过 HFC 技术，但是出于种种原因，这种融合进展缓慢。时至 2000 年，CATV 基本尚未参与 PSTN 和 Internet 的网络融合问题研究。因此 ITU-TY 建议，应当加强 CATV 介入网络融合研究。

十一、关于基于 CATV 的家庭网络讨论

　　《广东省数字家庭行动计划》中，强调优先采用 CATV 网络资源。这条原则在家庭网络发展初期，即支持单个业务系统扩展的家庭网络时

期，不一定有利于家庭网络产业发展。因为，在家庭网络发展初期，基于 PSTN 和基于 Internet 的现存简单的接入网络，还有相当广阔的产业发展空间。例如，利用一条电话线支持多个电话机，便携计算机可搬移上网。

当发展到采取"支持综合业务系统的家庭网络"策略时，强调优先采用 CATV 网络资源，会支持数字家庭产业健康发展。在 HFC 的 3 种发展方案之中，HFC 单方向分配系统不能满足家庭网络发展的需要；以 MPEG-2 为基础的 HFC 系统可以满足家庭网络需要，但是比较复杂，而且与核心网络主流技术不一致；以 ATM 为基础的 HFC 系统可以满足家庭网络需要，而且比较简单并且与核心网络主流技术一致。

在电视机数字化的两种方案中，采用机顶盒方案比较可取。因为在 2015 年以前，广播电视数字化过程还有很多不确定因素需要研究确定。同时，家庭网络也有不少不确定因素需要研究确定。把这些矛盾局限在机顶盒内，比较稳妥，此外，机顶盒也可能成为家庭网关的基础。

第八章　数字家庭网络总体技术概述

本章要点

- ★ 数字家庭概念

- ★ 数字家庭发展策略和设计要求

- ★ 家庭网络概念

- ★ 家庭网络参考模型

- ★ 家庭网络分类

- ★ 家庭网络传输系统概况

- ★ 家庭网络的用户/网络接口概况

- ★ 家庭网络基本技术体制讨论

- ★ 家庭网关在家庭网络中的支持作用

- ★ 对家庭网关的功能要求

一、数字家庭概念

（一）数字家庭是一个发展中的概念

数字家庭是一个发展中的持续创新的概念。现在人们正在享受现在的数字家庭；人们将享受将来的数字家庭。因此，数字家庭概念对于消费者来说，是一个逐渐感受的过程；对于企业家则可能是一个持续创造和持续盈利的商机。

数字家庭信息系统总体概要设计必须考虑数字家庭是一个发展中的概念，不宜追求最终解决方案，而应不断推出与时俱进的现实有效的解决方案。

（二）数字家庭是一个集合和融合的概念

数字家庭是现实存在的各种信息系统在家庭中的集合产物。

电信网络及其支持的固定电话、移动电话和语音业务逐步向家庭普及；计算机网络及其支持的办公和娱乐功能逐步向家庭普及；广播电视网及其支持的广播电视、数字电视和点播电视逐步向家庭普及；本来就在家庭普及的白色家用电器逐步向数字化和智能化提升。这些设施集合于一个家庭，在给用户家庭带来更好服务的同时，也使得家庭电器更加复杂。数字家庭信息系统总体概要设计应当在集合的基础上逐步实现融合。

（三）数字家庭发展的主要技术困难

发展数字家庭的主要技术困难在于：它涉及所有接入家庭的各类信息系统；对于不同的用户，在不同的发展时期具有不同的使用要求。因此，从事数字家庭信息系统总体概要设计，必须熟悉相关信息系统的基本知识，而且必须了解不同用户的不断演变的使用需求。

从功能角度来看，数字家庭的基础是家庭网络；从经济角度来看，家庭网络的基础是传输系统的成本。这是从事数字家庭信息系统总体概要设计必须关注的基本事实。

二、数字家庭发展策略和设计要求

（一）数字家庭发展策略

企业对于数字家庭技术需要准备时间；用户对于数字家庭效果需要体会时间；数字家庭产业价值链的商业模式和分配机制需要准备时间，因此，数字家庭市场需要培养时间，而这些时间长短难测。这就提出了一个商机和风险问题：抢先可能掌握商机；抢先也可能陷入亏损泥潭。

因此，数字家庭至少可以有以下3种发展策略。

（1）既然数字家庭是发展方向，就立即组织力量全面研发。这种策略志在夺取商机，不怕陷入漫长的亏损泥潭。显然，这种策略适于财力特别雄厚的集团公司。

（2）承认数字家庭是发展方向，待调查研究清楚，再动手不迟。显然，这种策略适于智力特别雄厚的集团公司。

（3）基于现实，持续提升策略。现在就动手，面向现实特定家庭电子系统，逐步提升特定业务系统功能和性能；逐步建立和完善家庭网络；逐步建立和扩展数字家庭市场；由点到面，逐步推动消费量和投资类电子产业发展。

关于数字家庭发展，普遍认为需要一个过程。数字家庭整个建设和运营需要分步实施，包括业务层面、网络层面、家庭网络层面、终端业务层面、内容开发商层面和标准层面，它们都需要一个组织和准备的过程。因此，建议采取基于现实，持续提升的策略；近期采取"支持单个业务系统扩展的家庭网络"策略，即适时采取"支持狭义综合业务系统的家庭网络"策略，远期采取"支持广义综合业务系统的家庭网络"策略。

（二）数字家庭技术设计要求

1. 保障服务质量

家庭网络支持的各类业务质量，必须保障原来分立业务系统提供的业务质量。

2. 成本低

家庭网络设施和施工要求尽可能经济。一般家庭网络可能占总电信网络成本的 5%。可见，对于家庭网络的经济要求比较苛刻。

3. 适应发展

要求家庭网络布线能够根据需求变化而容易改变和扩展。在不改变布线配置情况下可以改变和扩展家庭网络；在接入和撤除某个用户终端时不影响家庭网络正常运行。

4. 电磁辐射低

家庭网络的电磁辐射强度，必须比原来分立业务系统的辐射强度总和要低。

5. 安全

一般要求家庭网络的信息安全必须保障家庭隐私，家庭网络的网络安全必须保障家庭网络不被他人利用、侦测和破坏。对于不同的用户，要求可能明显不同。

6. 工程实现简捷

建设数字家庭的施工，必须简单快捷。

7. 管理方便

家庭网络管理必须简单方便。

8. 使用简单

家庭网络使用必须简单。

9. 能耗低

增加的能耗尽可能低，或与使用分立电器相比不增加额外耗能，甚至通过能耗管理降低整体能耗。

三、家庭网络概念

（一）用户驻地网（CPN）

家庭网络概念来源于用户驻地网（Customer Premises Network，CPN）。家庭网络是应用于家庭的规模缩小了的用户驻地网，它在电路网络中的位置如图 8-1 所示。

用户驻地网是指用户终端到用户/网络接口（对于 ISDN 网为 T 参

考点）之间的设施。用户驻地网通常在一个建筑物之内，支持用户终端
方便灵活地接入接入网。用户驻地网由执行通信和控制功能的用户驻地
布线系统组成。它的规模可能小到一个家庭（家庭网络），大到一个校
园（校园网络）。简单的家庭网络可能占总电信网络成本的 5%，复杂的
校园网络可能占总电信网络成本的 20%。可见，对于用户驻地网的经济
要求比较苛刻。

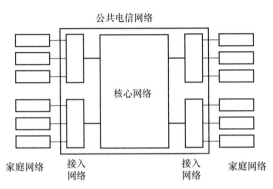

图 8-1　家庭网络在电信网络中的位置

（二）家庭网络的形成背景

　　早期，一种电信业务系统延伸到用户的只有一个用户终端设备。例
如，电话系统延伸到用户的是一个电话机；有线广播电视系统延伸到用
户的是一个电视机；数据网络延伸到用户的是一个用户计算机。无论有
多少种信息系统，延伸到用户家庭的设备都称为用户终端设备。各个用
户终端设备之间没有横向关系。

　　后来，一种电信业务系统延伸到用户，出现了多个用户终端设备。
例如，一条电话线连接 8 个电话机。这就出现了最早的用户驻地网络概
念，这也是最早的家庭网络概念。因为这 8 个电话机之间出现了横向连
接关系，即出现了家庭网络概念，如图 8-2 所示。

　　十几年前，人们开始在家中上因特网，开始是用电话线拨号上网，
不但使用起来不方便而且无法同时打电话和上网。之所以造成这样的不
方便，就是缺乏一个类似网关这样具有"汇聚"功能的设备。后来，有
了 ADSL，人们不但可以更高速地上网，还可以边打电话边上网。这些
便利是由 ADSL Modem 带来的，这时也可以说有了真正意义上的家庭

网络，而 ADSL Modem 就是一个简单的家庭网关。

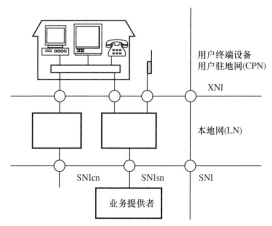

图 8-2　家庭网络的形成背景

到了近两年，人们可以在家里享受的业务越来越多，除了传统的打电话、上因特网，还多了视频（BTV、VoD 等）、交互式游戏等，就连传统的电话业务也面临改变。人们希望以更便宜的价格打电话，比如 VoIP。此时，一个简单的 ADSL Modem 就难以从容应对如此种类繁多而属性各异的业务了。于是，新一代能够识别并区别对待多种业务的家庭网关以及由这个网关为核心构建的家庭网络成为了运营商开展业务的急需条件。

可见，家庭网络的形成和发展与电信业务发展密切相关。家庭网络和业务的共同发展历程归纳如下。

（1）电信业务：单一电话业务；

　　　家庭网络：双绞线+普通电话机。

（2）电信业务：电话或简单上网；

　　　家庭网络：双绞线+普通电话机+内置 Modem 的 PC。

（3）电信业务：电话+简单上网；

　　　家庭网络：双绞线+普通电话机+内置 Modem 的 PC+ADSL Modem。

（4）电信业务：电话+上网+IPTV+VoIP+……；

　　　家庭网络：双绞线+普通电话机+视频电话机+内置 Modem 的 PC+光纤+家庭网关+STB+TV。

关于家庭网络的进一步发展，一部分人认为，家庭网络的主要功能是娱乐，是为普通大众提供娱乐服务的；另一部分人认为，家庭网络类似办公室里的局域网，而且多个家庭网络之间可能形成虚拟专用网。

四、家庭网络参考模型

（一）家庭网络工作环境

1. 网络环境

（1）网络拓扑规模比较小；

（2）网络结构层次比较简单；

（3）传输损伤一般比较低；

（4）传输比特速率一般比较高。

2. 电信业务

根据需要和可能，包括以下 5 类电信业务。

（1）会话型业务：实时、对称、双向通信；

（2）消息型业务：实时/非实时、对称/非对称、双向/单向通信；

（3）检索型业务：实时/非实时、非对称、双向通信；

（4）不需用户控制的分配型业务：非实时、单向通信；

（5）需要用户控制的分配型业务：非实时、非对称双向通信。

3. 设计目标

（1）业务质量一般要求保证合格；

（2）因为家庭网络比较小，对于网络资源利用效率一般不作要求；

（3）对信息安全和网络安全的要求一般比较高。

（二）家庭网络参考模型

比较复杂的家庭网络采用 ISDN/B-ISDN 参考模型；比较简单的家庭网络采用 ISDN 参考模型；特别简单的家庭网络甚至可以省略 NT2。

B-ISDN 参考模型如图 8-3 所示。

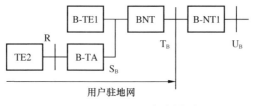

图 8-3　B-ISDN 参考模型

ISDN 参考模型（B-ISDN 参考模型的子集）如图 8-4 所示。

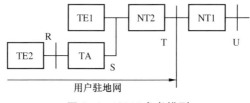

图 8-4　ISDN 参考模型

（三）家庭网络的网络结构

家庭网络结构可能是星形网、环形网、总线网和树形网。家庭网络结构的选择与采取的传输系统和网络体制密切相关。例如，采取电力线传输系统时，适于采用总线网；采取无线宽带接入传输系统时，适于采用星形网。

1. 星形网

星形网的每个用户终端有一条独立电路与 NT2 连接。该结构简单、可靠、保密性好、方便测试，但是，其硬件复杂，布线也复杂。

2. 环形网

环形网用一个环形电路串接各个用户终端。它可以提供统计平均负荷，控制逻辑比较简单，可以实现分布式交换。但是，其可靠性低。

3. 总线网

总线网的所有用户终端并接到一条总线上。该结构控制比较简单、可以提供统计平均负荷，容易扩展，可靠性高。但是，它的接入方式复杂，其故障难以隔离。

4. 树形网

树形网的电路按树枝状连接到用户终端。该结构控制软件简单，布线方便。但是，其双向传输困难。

五、家庭网络分类

（一）家庭网络按业务分类

随着电信网络中陆续出现业务综合和网络融合思想，家庭网络概念也逐渐发展演变。

1. 支持单个业务系统扩展的家庭网络

该家庭网络仍然是单个业务系统，但是同时配置多个用户终端设备，或者用户终端设备可以在不同位置搬移。例如，在一条电话线上连接多个电话机，分别配置在各个房间；用一部笔记本电脑在不同房间接入同一条宽带网。

2. 支持狭义综合业务系统的家庭网络

少量特定电信业务，或者由统一内容提供商提供，或者由统一网络提供商提供，或者共用用户接入系统，或者共用用户终端设备。这时，必须有家庭网络支持。

3. 支持广义综合业务系统的家庭网络

全部电信业务，或者由统一内容提供商提供，或者由统一网络提供商提供，或者共用最少可能的用户接入系统，或者共用最少可能的用户终端设备。这时，必须有家庭网络支持。

（二）家庭网络按网络机理分类

家庭网络按机理分为以下 4 类电信网络。

1. 第一类电信网络（PSTN）

该电信网络的机理为确定复用/有连接操作寻址。它用于家庭网络，可以获得比较好的业务质量和比较好的网络安全性。它的网络资源利用效率比较低，但是不会形成工程问题。

2. 第二类电信网络（Internet）

该电信网络的机理为统计复用/无连接操作寻址。它用于家庭网络，可以获得比较好的网络资源利用效率。其业务质量比较低，但是不会形成工程问题；网络安全性比较差，这是需要考虑的问题。

3. 第三类电信网络（B-ISDN）

该电信网络的机理为统计复用/有连接操作寻址。它用于家庭网络，可以获得比较好的业务质量、比较好的网络安全性和比较好的网络资源利用效率，但是其成本比较高。支持单个业务系统扩展的家庭网络没有竞争力。但是，支持广义综合业务系统的家庭网络具有比较大的竞争力。

4. 第四类电信网络（CATV）

该电信网络的机理为确定复用/无连接操作寻址。它用于家庭网络，支持不需要用户控制的广播电视业务，可以获得比较好的业务质量、比较好的网络安全性和比较好的网络资源利用效率。但是，如果支持双向业务必须改造电信网络，改造成本将决定这种方案的竞争力。

上述 4 类不同机理的电信网络，具有明显不同的基本属性。这些不同的基本属性对于家庭网络将产生全面影响。因此，家庭网络基本技术体制的选择是家庭网络设计的基础。

家庭网络传输系统是家庭网络的内部基础；家庭网络接入网络是家庭网络的外部基础。把家庭网络传输系统与家庭网络接入网络连接起来，是家庭网络基本技术体制设计的任务。

家庭网络基本技术体制主要体现在家庭网络网关设备之中。由于家庭网络传输系统有多种选择方案，家庭网络接入网络也有多种选择方案。于是，家庭网络基本技术体制设计，或者说，家庭网络网关设计具有更多的选择方案。

（1）家庭网络的接入网络采用 10/100Mbit/s 以太网接口，家庭网络的传输系统采用电力线/电力线数传机 IP 接口。把以太网接口与 IP 电力线数传机接口连接起来，就可以实现便携计算机可搬移应用。实现这种"单个业务系统扩展的家庭网络"并不需要单独的网关设备。

（2）家庭网络的接入网络采用双绞线 Z 接口，家庭网络的传输系统采用电力线/电力线数传机 Z 接口。采用一个特别研制的设备，把两种 Z 接口连接起来，就构成了一条电话线连接多部电话机的系统。这个特别研制的设备就是简单的网关设备。

（3）家庭网络的接入网络采用以 ATM 为基础的 HFC 系统，家庭网络的传输系统采用电力线/电力线数传机 ATM 接口。通过家庭网络网关设备把各类 ATM 接口连接起来，就构成了"支持广义综合业务系统的家庭网络"。显然，这时的家庭网络网关设备就比较复杂。

（三）家庭网络按实现技术分类

家庭网络按实现技术分类，可以分为有线网络、无线网络和电力线网络 3 类。

1. 有线网络

有线网络可以满足家庭网络功能和性能要求。但是，需要专门铺设线缆，因而引入施工和成本问题。

2. 无线网络

无线网络可以满足家庭网络功能和性能要求，不需要专门铺设线缆。主要存在电磁辐射、邻居电磁干扰和串话问题。

3. 电力线网络

电力线网络可以满足家庭网络功能和性能要求，不需要专门铺设线缆。但是，其电磁辐射比较低，采取适当措施可以消除邻居电磁干扰和串话问题。

六、家庭网络传输系统概况

传输系统是家庭网络的支持基础。用于家庭网络的传输系统可以分为 3 类：有线传输系统、无线传输系统和电力线传输系统。

从支持概念角度来看，这 3 类传输系统都能够胜任。但是，综合考虑概念、施工、成本、辐射、串话等因素，电力线传输系统和无线宽带局域网（Wi-Fi）比较可取。

（一）电力线传输系统

电力线传输系统如图 8-5 所示。这种传输系统的好处在于，它能够支持"单个业务系统扩展的家庭网络"策略，也能够支持"狭义综合业务系统的家庭网络"策略。

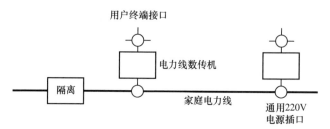

图 8-5 电力线传输系统

（二）无线宽带局域网

无线宽带局域网如图 8-6 所示。它的传输距离限制在 100m 内，可以降低发射功率使用。这种方案已经被国际标准化，有便宜的标准化产品，它的主要问题是电磁辐射仍然比较大。

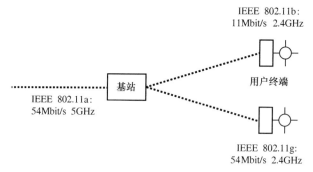

图 8-6 无线宽带局域网

（三）电力线/蓝牙混合方案

电力线/蓝牙混合方案如图 8-7 所示。它可以经济地实现家庭终端移动，其电磁辐射进一步降低。

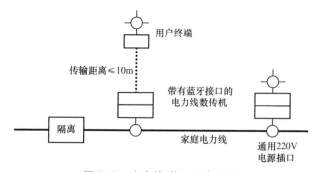

图 8-7 电力线/蓝牙混合方案

七、家庭网络的用户/网络接口概况

在 4 类电信网络之中，PSTN、Internet 和 CATV 已经深入到用户家庭，B-ISDN 也能够深入到用户家庭。

（一）接入网络家庭接口
（1）基于 PSTN 的双绞线语音和数字接口；
（2）基于 CATV 的电视电缆模拟电视接口；
（3）基于 Internet 的自适应 10/100Mbit/s IP 接口；
（4）基于 B-ISDN 的 ATM 数字接口。
这 4 类电信网络为接入网络提供了多种多样的接口，支持用户承载服务和用户终端服务。

（二）承载业务
（1）300～3400Hz 音频（含话带数据）；
（2）64kbit/s，8kHz 结构，不受限数字信息；
（3）2×64kbit/s，8kHz 结构，不受限数字信息；
（4）84kbit/s，8kHz 结构，不受限数字信息；
（5）1920kbit/s，8kHz 结构，不受限数字信息；
（6）N×64kbit/s 帧中继；
（7）E1 结构化/非结构化电路仿真；
（8）10/100Mbit/s 以太网；
（9）64kbit/s 同向业务。

（三）用户终端业务
➢ 语音（明话与密话）；
➢ 数据（明或密 IP 数据和话带数据）；
➢ 图形（静态图像、文字、表格）；
➢ G3 传真；
➢ 活动图像；

➤ 多媒体；

➤ 会议电视。

这些接口构成家庭网络设计的外部环境。

八、家庭网络基本技术体制讨论

（一）家庭网络设计依据

家庭网络设计的依据包括网络环境、支持的电信业务和设计目标。

1. 网络环境

（1）网络拓扑规模：家庭网络的平面距离只有几十米。

（2）网络繁简程度：家庭网络只有单一层次结构。

（3）传输质量：由公共电信网络保障。

（4）传输容量：传输比特速率要求大于 100Mbit/s。

2. 支持所有可能的业务

（1）会话型业务：双向对称的实时业务。

（2）消息/检索型业务：双向/单向的不对称非实时业务。

（3）分配型业务：双向/单向不对称实时业务。

3. 特定目标

（1）业务质量：由于家庭网络比较小，容易保障业务质量。

（2）网络资源利用效率：由于家庭网络小，无需特别考虑。

（3）网络安全：必须同时考虑家庭网络和公共电信网络的网络安全问题。

（4）建设和维护成本：必须重点考虑。

（二）家庭网络设计的基市考虑

家庭网络由各个用户终端、家庭传输系统和家庭网关组成。其中，用户终端是原有设备，在家庭网络设计中成为设计环境；家庭传输系统在家庭范围内传输信号；家庭网关执行全部控制和管理功能。

家庭网关与家庭传输系统两者之间的关系是，家庭传输系统是基础；家庭网关是上层建筑。家庭传输系统决定家庭网络的繁简程度、施工难易程度、辐射高低程度、网络安全优劣程度和成本高低。在此基础之上，家庭网关决定家庭网络的有效性。

（三）家庭传输系统设计

1. 无线个域网

无线个域网的传输距离小，只能满足小户型家庭应用。

2. 无线局域网

无线局域网系统标准、设备配套、辐射强度高、网络安全性低。其中，辐射强度高可能引起人身安全问题，还可能引起邻居相互干扰。所有无线传输系统都存在网络安全问题。

3. 快速以太网

快速以太网系统标准、设备配套。但是，需要重新布线，这就引出施工问题和成本问题。

4. 利用通用电力线作为总线的有线局域网（ELAN）

这种方案的明显优点是不需要布线。因此具有引出不需要施工，节省成本等优点。但是，利用电力线作为家庭网络传输系统，目前没有系统标准，也没有现成的配套设备。

（四）家庭网关设计考虑

要求家庭网关完成对家庭网络的全部信息传递、寻址控制和网络管理功能，不是特别困难的事。问题是家庭网关处于千家万户的入口处。因此，家庭网络方面和公共电信网络方面对它都提出了各种要求。

1. 公共电信网络方面的要求

（1）将寻址控制与业务传递分开，因而允许电信业务运营商与电信基础设备提供商分别操作；

（2）能够防止各个家庭网络对公共电信网络的攻击。

2. 家庭网络方面的要求

（1）能够简明地照常使用原有的用户终端；

（2）能够防止公共电信网络对家庭网络的攻击；

（3）尽可能降低建设和维护成本，最好无需特别施工。

因此，参照软交换设计方法设计软网关，就可能实现上述基本要求。

（1）将寻址控制与业务传递分开，因而允许电信业务运营商与电信基础设备提供商分别操作，这样就可以分别改善电信业务支持能力和电信设备升级能力；

（2）软交换系统实现基本采用软件技术，是由通用件实现的开放系统结构。这样就可以改善灵活性和降低设备成本。

九、家庭网关在家庭网络中的支持作用

（一）家庭网关对家庭终端的支持

家庭网关具有网络功能。按照网络的概念，家庭网关需要互联、汇聚家庭里的各种业务/应用终端设备，统一把它们连接到公共网络中。对内，起到内部设备互联互通的作用，形成家庭内部局域网；对外，是公共网络的唯一接口，屏蔽家庭网络的内部结构。可见，网关是家庭网络的核心，它综合实现所有网络相关的功能，包括实现 QoS、防火墙、支持远程管理、提供多种对 WAN 和 LAN 接口、支持相关接口协议。

（二）家庭网关对公共网络的支持

家庭网关具有业务实现和处理功能。多媒体业务的处理是很复杂的，涉及编解码、协议转换和适配、处理视频时延、抖动等。如果这些功能的全部或部分由公共网络设备（如接入网设备）实现，无疑会大大增加设备的复杂度和对内部资源的要求，从而影响该设备原有功能的实现。因此，家庭网关需要弥补各终端业务功能方面的不足，对公共网络屏蔽业务的复杂性，公共网络上的设备只需要按照优先级标记完成业务流的传送即可。

（三）家庭网关对服务提供商的支持

家庭网关需要参与到业务的处理，从而对公共网络"屏蔽业务的复杂性"。以 VoIP 业务为例，如果终端是普通老式电话，该终端没有任何 VoIP 业务处理及控制方面的功能，因此需要家庭网关具有 VoIP 功能。而如果采用视频话机作为终端，它已经完全具有了 VoIP 的所有功能，则家庭网关只需要提供网络功能即可。

（四）家庭网关对网络运营商的支持

家庭网关是运营商运营管理业务的重要工具。家庭业务网关需要具有良好的可管理性，可以进行远程管理、配置和诊断，以方便运营商开展、部署和升级业务；可以收集、统计基本数据，为运营商分析业务和用户特性、扩展网络规模和性能提供需要的数据。

（五）家庭网关对电信业务的支持

家庭网络是一个承载多业务的网络，它具有用最少的网络资源满足各种业务独特的要求，以达到事先向业务使用者承诺的服务标准的特点。不同的业务有不同的特性和需求。

1. 视频和 VoIP 业务要求

视频和 VoIP 业务两者都是实时业务，需要优先级保证和对时延、丢包和抖动的控制。通过 Session 的数量和种类预先断定其带宽的使用情况。提供比需要的带宽更多的带宽并不能提高业务质量，但不能提供所需的足够带宽则会中断业务。

2. 高速因特网接入业务要求

高速因特网接入业务是非实时业务，比语音或视频业务更能够容忍时延、丢包和抖动，因此通常被赋予较低的优先级。与视频和 VoIP 业务不同，接入带宽是与高速因特网接入业务相关的特性。更高的带宽肯定意味着更好的用户体验，但低带宽虽然导致很差的性能，却不会中断业务。

十、对家庭网关的功能要求

（一）网络与公共电信网络之间的连接功能

利用一个桥接器或路由器，把家庭网络与公共电信网络连接起来。桥接模式网关和路由模式网关的基本区别在于：采用桥接模式时，运营商网络可以看到每一台用户主机并通过其 MAC 地址进行直接访问；采用路由模式时，运营商网络只能看见和直接访问家庭网关。这两种模式都是可行的，并且具有各自的优点，可以用来配合不同的运营商网络架构。最好一个网关同时具有上述两种模式，并支持两种模式的混用，以便于运营商部署业务。

（二）WAN 和 LAN 接口协议

接入网的特点是灵活多样。家庭网关面对着多种多样的接入网，不得不提供多种的上行接口。

目前，国内电信网络中使用得最多的居民住宅接入技术是 ADSL 和 LAN。但随着技术的发展，xDSL、EPON、GPON、WiMAX 等接入手段也将逐渐普遍起来。所以，家庭网关的上行接口类型和协议将包括 xDSL、FE/GE 和 WiMAX 等，并且支持相应的接口协议和标准，为接入网提供接口。

（三）提供对业务的处理能力

例如，对于 VoIP 业务，网关需要具有 VoIP 功能，支持诸如音频编码、SIP 用户代理、背靠背 SIP 用户代理等功能。

（四）保障业务质量能力

（1）识别并区分业务类型；

（2）按照业务特性划分优先级和具体 QoS 要求。那些对时延和丢包都敏感的业务（如语音），会被赋予高的优先级，甚至事先建立专门的通道以确保其传输。而数据业务一般被赋予较低的优先级，尽力传输即可，以充分利用网络资源；

（3）按照 QoS 和优先级要求，传送业务流到正确的目的地。

（五）提供运营级的、可运营、可管理的设备

设备可用性、扩展性、管理性等指标都应达到运营级的标准。

（六）对家庭网设备的其他总体要求

1. 操作简单

因为家庭用户一般不具有专业技能，所以操作、使用一定要简单。

2. 可远程管理

管理内容包括初始化、配置、软件升级、故障诊断等。

3. 抗打击性高

指抵御摔打、撞击、气温过高或过低等的能力。

4. 安全性高

指防范某些恶意用户攻击网、盗用未申请的服务等。

第九章　数字家庭业务系统参考示例

近年来，不断出现新的数字家庭业务系统。但是，其中绝大多数是匆匆的历史过客。除了电话、电视、短消息业务之外，有多少业务系统存活至今?尽管如此，这些业务系统却给后人留下了珍贵的参考经验。

本章要点

- ★ PSTN 多电话终端系统
- ★ PSTN 利用双绞线兼通数据业务系统
- ★ PSTN 家庭监视控制系统
- ★ 个人计算机在家庭内可搬移（电缆连接）系统
- ★ 个人计算机在家庭内可搬移（无线连接）系统
- ★ 基于各种电信网络的会议电视系统
- ★ 有线电视（CATV）单向传输 HFC 宽带综合业务网
- ★ 有线电视（CATV）双向传输 HFC 宽带综合业务网
- ★ 基于 HFC 的电缆数字电视系统（DVB-C）
- ★ 基于 HFC 的 ATM（ATHOC）系统
- ★ 利用 CATV 光缆多余光纤建设独立电话网方案
- ★ 图文电视系统和图文广播系统
- ★ 便携式网络浏览器（WebPAD）
- ★ 家庭电话线网络联盟（HomePNA）

★ 家庭电力线插座（HomePlug）

★ 家庭射频技术（HomeRF）

★ 通用即插即用（UPnP）技术

★ 视频直播系统（WebTV）

★ 多媒体娱乐中心（Media Center）

一、PSTN 多电话终端系统

1. 设计目标
一条 PSTN 用户接入双绞线，连接多个房间中的多部电话机。

2. 工作环境
家庭或办公室。

3. 传输系统选择
家庭通用电力线。

4. 技术体制选择
采用 OFDM 技术体制的电力线数传机。

5. 总体框架

首先，PSTN 用户接入双绞线连接专门设计的电话连接器；其次，通过电话连接器连接电力线数传机，然后各个电力线数传机通过家庭电力线配置在各个房间；最后，各个房间中的电话机分别与电力线数传机连接。可以这样配置：来话指定一个电话机振铃；指定一个或两个电话机能够拨号；其他电话机只能通话，以降低成本。

PSTN 多电话终端系统的总体框架如图 9-1 所示。

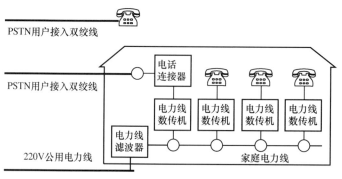

图 9-1　PSTN 多电话终端系统的总体框架

二、PSTN 利用双绞线兼通数据业务系统

PSTN 利用双绞线兼通数据业务系统的总体框架如图 9-2 所示。

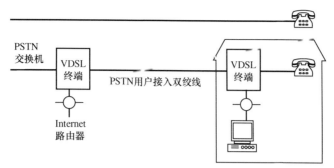

图 9-2　PSTN 利用双绞线兼通数据业务系统的总体框架

1. 设计目标

利用一条用户双绞线，兼通电话和数据业务。

2. 工作环境

家庭或办公室。

3. 传输系统选择

通用双绞线。

4. 技术体制选择

通用数字用户链路技术。

5. 总体框架

在 PSTN 交换机的一侧，利用 VDSL 终端，把来自 PSTN 交换机和来自 Internet 路由器的信号，同时送入 PSTN 用户接入双绞线。在 PSTN 交换机的另一侧，利用 VDSL 终端，把来自 PSTN 交换机的信号送给电话机，把来自 Internet 路由器的信号送给计算机。利用一对双绞线，同时支持电话和数据传输。传输速率和传输对称性取决于传输距离。

三、PSTN 家庭监视控制系统

PSTN 家庭监视控制系统的总体框架如图 9-3 所示。

1. 设计目标

在办公室对家庭设施实现监视和控制。

2. 工作环境

家庭或办公室。

3. 传输系统选择

远程传输利用 PSTN，家庭传输利用电力线。

4. 技术体制选择

采用 OFDM 技术体制的电力线数传机，支持室内传输；利用识别和加密技术，保障远距离监视控制的安全性。

5. 总体框架

家庭监视控制系统的关键是网络安全。保障网络安全的主要措施如下。

（1）采用安全属性最好的网络形态 PSTN，不适于采用 Internet；

（2）采用安全属性最好的传输系统——有线传输系统，不适于采用无线传输系统；

（3）必须采用安全属性最好的网络安全技术——密钥组合识别；

（4）必须采用适当级别的加密技术；

（5）尽可能采用特殊的秘密使用约定。

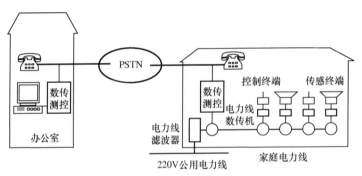

图 9-3 PSTN 家庭监视控制系统的总体框架

四、个人计算机在家庭内可搬移（电缆连接）系统

1. 设计目标

一个家庭租用一条因特网用户线，通常接入指定的一个房间。本系统可以支持个人计算机在各个房间搬移使用。

2. 工作环境

家庭或办公室的多个房间。

3. 传输系统选择

室内通用电力线。

4. 技术体制选择

采用 OFDM 技术体制的电力线数传机。

5. 总体框架

租用的 Internet 用户电缆接入家庭，连接电力线数传机的通用 10/100Mbit/s IP 接口，各个电力线数传机通过家庭电力线配置在各个房间。个人计算机在各个房间中，利用电缆连接各个电力线数传机的通用 10/100Mbit/s IP 接口，就可以联网工作了，如图 9-4 所示。

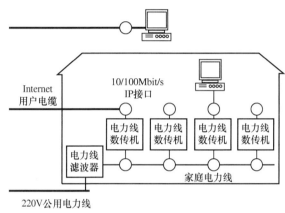

图 9-4 个人计算机在家庭内有线可搬移系统

五、个人计算机在家庭内可搬移（无线连接）系统

1. 设计目标

一个家庭租用一条因特网用户线，通常接入指定的一个房间。本系统可以支持个人计算机在各个房间搬移使用。

2. 工作环境

家庭或办公室的多个房间。

3. 传输系统选择

室内通用电力线和蓝牙无线传输系统。

4. 技术体制选择

采用 OFDM 技术体制的电力线数传机。

5. 总体框架

租用的 Internet 用户电缆接入家庭，连接电力线数传机的通用

10/100Mbit/s IP 接口，各个电力线数传机通过家庭电力线配置在各个房间。个人计算机在各个房间中，利用蓝牙无线传输系统连接各个电力线数传机的通用 10/100Mbit/s IP 接口，就可以联网工作了，如图 9-5 所示。

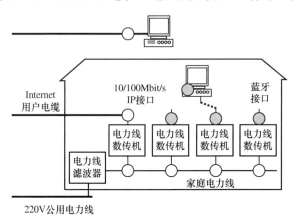

图 9-5　个人计算机在家庭内无线可搬移系统

六、基于各种电信网络的会议电视系统

1. 设计目标
桌面电视会议系统（DVCS）。

2. 工作环境
地区、城市或者全国。

3. 传输系统选择
各类现存网络资源。

4. 技术体制选择
DVCS 技术体制分类如下：

（1）H.320 DVCS——适用于 E1/T1/ISDN；

（2）H.323 DVCS——适用于 LAN/WAN/ATM；

（3）H.331 DVCS——适用于广播网；

（4）H.324 DVCS——适用于 PSTN/Internet；

（5）卫星多点会议系统卫星网——适用于卫星传输。

5. 总体框架
基于 ISDN 的 H.320 数字会议电视系统如图 9-6 所示。

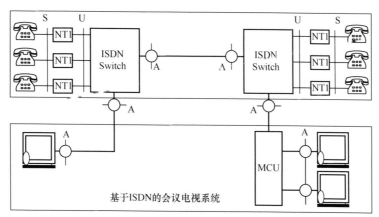

图 9-6　基于 ISDN 的 H.320 数字会议电视系统

NE-DVCS 的网络设备，即多点控制器（MCU）的框图如图 9-7 所示。其中，LIU——线路接口单元，E1/T1/V.35/RS-449/ISDN/ATM/LAN；IMDX——逆复接单元，H.221/H.223；VBU——视频桥路处理单元；ABU——音频桥路处理单元；DBU——数据桥路处理单元；SCU——系统控制单元。

TE-DVCS 的终端设备框图如图 9-8 所示。其中，VPU——视频处理单元；APU——音频处理单元；DPU——数据处理单元；FPU——帧处理单元。

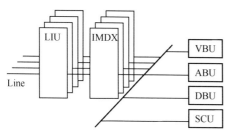

图 9-7　会议电视系统中多点控制器框图

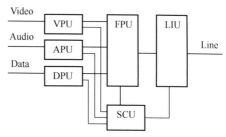

图 9-8　会议电视系统中终端设备框图

七、有线电视（CATV）单向传输 HFC 宽带综合业务网

有线电视（CATV）单向传输 HFC 宽带综合业务网支持单方向模拟电视和声音广播业务，如图 9-9 所示。

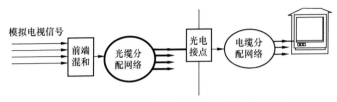

图 9-9　CATV 单向传输 HFC 宽带综合业务网

八、有线电视（CATV）双向传输 HFC 宽带综合业务网

有线电视（CATV）双向传输 HFC 宽带综合业务网支持单方向模拟电视和声音广播网络、交互式数据和 IP 电话网络、交互式视频服务系统（点播电视 VOD、准视频点播 NVOD、检索、浏览、远程教学和电子游戏等），其总体框架如图 9-10 所示。

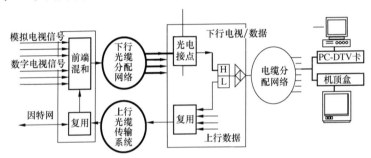

图 9-10　CATV 双向传输 HFC 宽带综合业务网总体框架

九、基于 HFC 的电缆数字电视系统（DVB-C）

1. 设计目标
利用 CATV 网络同时支持数字电视、视频点播（VOD）和计算机数据。

2. 工作环境
城市、地区接入家庭。

3. 传输系统选择
兼用 CATV 光缆。

4. 技术体制选择
HFC 技术体制。

5. 总体框架

综合利用 HFC 网络，保持 CATV 功能；利用机顶盒，共用电视机屏幕，支持数字电视功能；利用 PC-DTV 卡，把个人计算机与因特网连接起来，如图 9-11 所示。

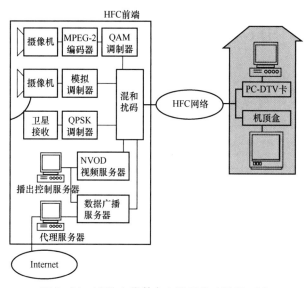

图 9-11 HFC 电缆数字电视系统（DVB-C）

采用 CATV 的数字电视广播（DVB-C）接收机顶盒，如图 9-12 所示。

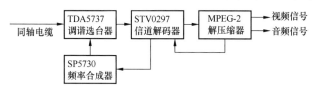

图 9-12 数字电视广播（DVB-C）接收机顶盒

机顶盒功能：

（1）显示用户设备、网络传输和节目资源状态；

（2）把用户点播信号发送给业务提供者；

（3）用户控制功能；

（4）交互业务功能；

（5）通过个人计算机进行数据传输。

机顶盒有关技术：

（1）复用和解压缩技术；

（2）下行数据解调和信道解码技术；

（3）上行数据调制和信道编码技术；

（4）因特网浏览技术；

（5）实时软件控制系统。

十、基于 HFC 的 ATM（ATHOC）系统

基于 ATM 的 HFC 网络支持两类业务。

（1）交互式电视业务（ITV）：前端采用 ATM 节点交换机；用户端采用数字机顶盒。ITV 业务采用 8MHz 频分复用，在 8MHz 内采用时分复用。

（2）Internet 等高速数据业务：前端采用电缆调制解调器终端系统（CMTS）；用户端采用电缆调制解调器（CM）。数据业务下行通道以 10～30MHz 的速度传输 ATM 数字信号。由前端服务器和用户终端单元（HTU）发出的数据首先构成 IP 数据包，然后采取 IP over ATM 方式变成 ATM 信号，目的是保证业务质量。

基于 HFC 的 ATM（ATHOC）系统总体框架如图 9-13 所示。图 9-14 和图 9-15 所示分别为基于 HFC 的 ATM 系统的两个示例方案。

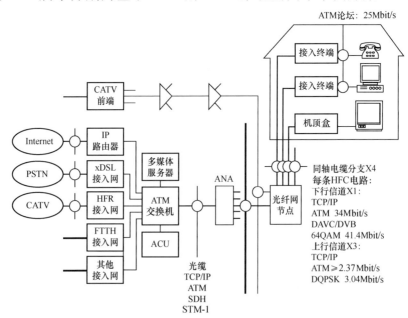

图 9-13 基于 HFC 的 ATM（ATHOC）系统的总体框架

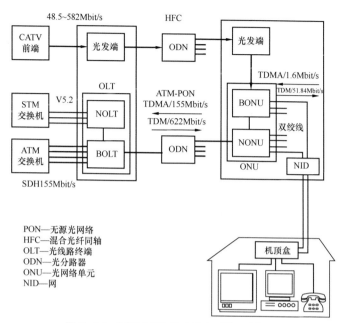

图 9-14　基于 HFC 的 ATM 系统示例之一

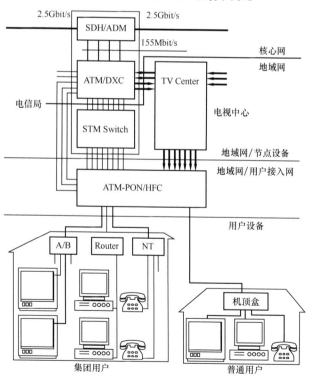

图 9-15　基于 HFC 的 ATM 系统示例之二

十一、利用 CATV 光缆多余光纤建设独立电话网方案

1. 设计目标

建设专用或者公用 GII。

2. 工作环境

城市、地区或者全国领域。

3. 传输系统选择

利用 CATV 光缆多余光纤。

4. 技术体制选择

GII 技术体制。

5. 管理方案选择

管理方案选择 CORBA——公共对象请求代理体系结构。

6. 总体框架

利用 CATV 光缆多余光纤建设独立电话网的总体框架如图 9-16
所示。

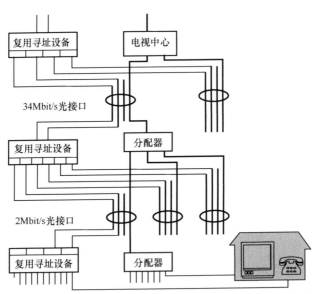

图 9-16　利用 CATV 光缆多余光纤建设独立电话网的总体框架

十二、图文电视系统和图文广播系统

1. 设计目标
图文广播。
2. 工作环境
农村地区/山区。
3. 传输系统
选择卫星广播。
4. 技术体制选择
内插图文电视卡。
5. 总体框架
由图文电视广播中心发出信号，通过地面广播网或广播电视卫星转播，利用具有 TV 内插图文电视卡的电视机或具有 PC 内插图文电视卡的个人计算机接收。图文电视系统的框架如图 9-17 所示。

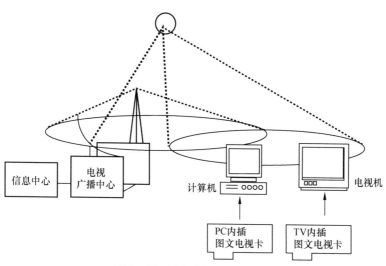

图 9-17　图文电视系统的框架

图文广播系统的总体框架如图 9-18 所示。

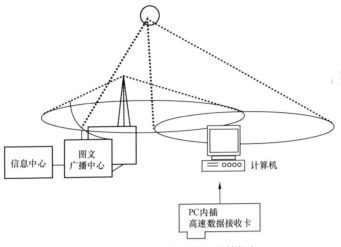

图 9-18 图文广播系统的总体框架

十三、便携式网络浏览器（WebPAD）

便携式网络浏览器与上网设备（计算机、视频转换器和独立的上网设备等）在 500m 内实现无线连接，支持移动浏览业务。

十四、家庭电话线网络联盟（HomePNA）

利用现有电话线连接网络与用户设备，HomePNA 卡加一个频分复用设备作为最后 100m 传输系统,同时提供电话业务和数据业务,如图 9-19 所示。

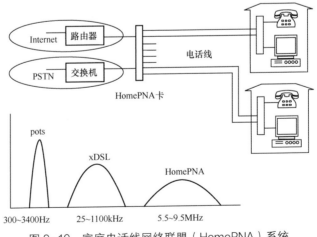

图 9-19 家庭电话线网络联盟（HomePNA）系统

（1）1998 年的 1.0 版本支持 1Mbit/s 数字速率；

（2）1999 年的 2.0 版本支持 10Mbit/s 数字速率。

十五、家庭电力线插座（HomePlug）

HomePlug 成对使用，通过电力线连接设备。HomePlug 的 2001 年 1.0 版本兼容局域网，传输速率为 14Mbit/s。2006 年采用 OFDM 技术，在几十米的距离上传输，速率达到 200Mbit/s。电表具有高频滤波作用，可以隔离不同家庭之间的数字信号，如图 9-20 所示。

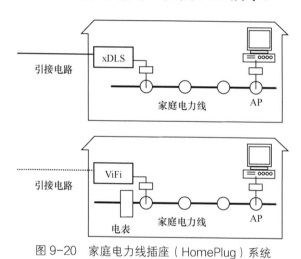

图 9-20　家庭电力线插座（HomePlug）系统

十六、家庭射频技术（HomeRF）

HomeRF 是数字无绳电话（DECT）与无线局域网（WLAN）融合的产物。DECT 采用 TDMA（时分复用）技术体制；WLAN 采用 CSMA/CA（载波监听多点接入/冲突避免）技术体制。DECT 适于支持 PSTN 电话业务；WLAN 适于支持 Internet 数据业务。二者融合，HomeRF 同时支持 PSTN 电话业务和 Internet 数据业务。

HomeRF 采用 2.4GHz 频段跳频和扩频技术，传输速率为 1～10Mbit/s。它是家庭有线网络的无线延伸。

十七、通用即插即用（UPnP）技术

1999 年，微软公司提出 UPnP（Universal Plugand Play）技术。它是一种计算机系统概念，在"零设置"的前提下，提供联网设备之间的发现、接口声明、信息交换等互动操作功能。

UPnP 中的设备模型如图 9-21 所示。

用户控制点是一组软件模块的集合，用来与受控设备通信。其中包括发现客户程序、描述客户程序、命令转换器、可视化导航程序、事件订阅客户程序、浏览程序和应用程序执行环境。

受控设备也是一组软件模块的集合，用来与设备控制点通信。其中包括发现服务器、描述服务器、控制服务器、表征服务器、事件订阅服务器和事件源。

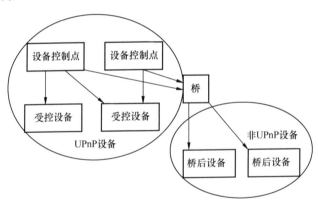

图 9-21　通用即插即用（UPnP）系统

典型的通信过程如下。

（1）用户控制点启动发现客户程序。

（2）受控设备的发现服务器返回通用资源定位符（Uniform Resource Locator，URL）。

（3）用户控制点的描述客户程序访问受控设备的描述页面。

（4）受控设备的描述服务器提供服务，返回描述页面（包含表征页面的 URL）。

（5）用户控制点的浏览器访问受控设备的表征页面。

（6）用户控制点根据表征页面的内容对相应的服务进行访问。

（7）用户控制点调用本地应用程序。

（8）由命令转换器把调用转换成为符合受控设备服务控制协议说明的信息。

（9）用户控制点把这些信息传送给受控设备的相应服务。

十八、视频直播系统（WebTV）

WebTV 是基于 Web 应用的视频直播系统，在服务器端进行实时 MPEG-4 压缩编码；在客户端进行实时解码和播放。其框架如图 9-22 所示。

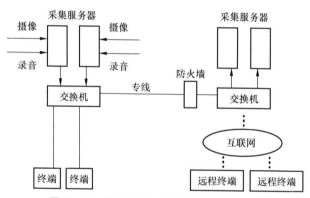

图 9-22　基于 Web 应用的视频直播系统

WebTV 支持把采集的信号录制成为 MPEG-4 格式文件，进行文件直播（包括字幕和图片）；支持多频道选择和远程直播。整个系统只要在服务器上安装即可提供防卫。任何有权访问本系统的用户，通过 Web 浏览器都可以进行点播访问。

十九、多媒体娱乐中心（Media Center）

（一）多媒体娱乐中心的功能

Media Center 为用户提供视频、音频、通信等全方位应用。

（二）多媒体娱乐中心的构成

Media Center 的主体是基于 Windows XP Professional 的操作系统与高性能 PC 硬件结合的整体，同时配置下列硬件。

（1）Media Center 遥控器：协作计算机上的娱乐节目。

（2）Media Center 红外传感器：控制有线电视和卫星电视的机顶盒。

（3）TV 调谐设备：接收有线电视、卫星电视和广播电视节目。

（4）硬件编码器：把有线电视、卫星电视和广播电视节目录入硬盘。

（5）电视信号输出设备：把计算机中图像内容显示在电视机屏幕上。

（6）数字音频输出设备：把计算机中数字音频输出到现有家庭娱乐系统中。

（三）多媒体娱乐中心的特点

- ➤ 把各种软件融合到一起。
- ➤ 构建全新的家庭影院。
- ➤ 享受数码功能的新快感。
- ➤ 选择自如。
- ➤ 操作方便。
- ➤ 数据加密。

第十章　我国数字家庭网络技术标准研究进展

本章要点

- ★ 家庭网络标准研究内容分类
- ★ 家庭网络标准研究组织分类
- ★ 基于电信网络的家庭网络标准制订的总体考虑
- ★ "基于电信网络的家庭网络总体技术要求"报批公示稿1
- ★ "基于电信网络的家庭网络设备技术要求"报批公示稿2

一、家庭网络标准研究内容分类

中国通信标准化协会（CCSA）认为家庭网络是为了满足用户的某些需求而组建的为用户提供一定业务与应用的网络。用户的需求可以是有限范围内多个设备之间的信息流通，也可以是有限范围内的多个设备与公共网络之间的信息流通，甚至可以是有限范围内的所有设备之间以及这些设备与公共网络之间的信息流通。

关于家庭网络标准研究，分为两类：

（1）基于电信网络的家庭网络标准；

（2）基于电子行业的家庭网络标准。

基于电信网络的家庭网络标准，根据家庭网络传递信息所需带宽，可以将家庭网络的业务与应用大致分为两类：

（1）较高带宽需求的信息类业务，包括家庭内部信息共享业务和公共网络提供的信息类业务；

（2）较低带宽需求的控制类业务。

目前，基于电信网络的家庭网络系列标准研究领域，主要集中在公共网络提供的信息类业务上；电子行业标准的研究领域，主要集中在家庭内部信息共享业务和较低带宽需求的控制类业务上。基于电信网络的家庭网络系列标准与电子行业标准的研究领域是互补的关系。

二、家庭网络标准研究组织分类

我国目前有 3 个家庭网络标准研究组织，如图 10-1 所示。

（一）"闪联"（IGRS）

我国"闪联"家庭网络标准最早研究计算机网络的应用层技术规范。近年来，"闪联"与 UPnP、DLNA 等标准组织的研究领域相似，都涉及家庭内部信息资源共享业务。

至今，"闪联"（IGRS）出台的家庭内部信息共享业务标准有如下两个。

（1）SJ/T 11310—2005 信息设备资源共享协同服务的第 1 部分，基础协议；

（2）SJ/T 11311—2005 信息设备资源共享协同服务的第 4 部分，设备验证。

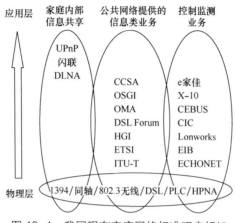

图 10-1 我国现有家庭网络标准研究组织

（二）e 家佳（ITopHome）

我国 e 家佳（ITopHome）家庭网络标准最早研究家用电器网络。近年研究领域与 X-10、CEBUS、CIC（HPnP）、Lonworks、EIB、ECHONET 等标准组织的研究领域相似，都涉及较低带宽需求的控制及监测业务。

至今，e 家佳出台的较低带宽需求的控制类业务标准如下：

（1）SJ/T 11312—2005 家庭主网通信协议规范；

（2）SJ/T 11313—2005 家庭主网接口一致性测试规范；

（3）SJ/T 11314—2005 家庭控制子网通信协议规范；

（4）SJ/T 11315—2005 家庭控制子网接口一致性测试规范；

（5）SJ/T 11316—2005 家庭网络体系结构及参考模型；

（6）SJ/T 11317—2005 家庭网络设备描述文件规范。

（三）中国通信标准化协会（CCSA）

中国通信标准化协会的研究领域是电信网络。涉及家庭网络标准方面，与 ITU-T、ETSI、OSGI、OMA、DSL Forum、HGI 的研究领域相似，都涉及公共网络提供的信息类业务。

中国通信标准化协会于 2005 年年初开展了"家庭网络总体研究"的课题。其中，对目前国内外家庭网络相关标准组织的研究范围进行了全面深入的研究分析。中国通信标准化协会对基于电信网络的家庭网络的系列技术要求和设备技术要求预计如下。

1. 基于电信网络的家庭网络系列技术要求

➢ 基于电信网络的家庭网络总体技术要求。

➢ 基于电信网络的家庭网络技术要求——QoS。

➢ 基于电信网络的家庭网络技术要求——安全。

➢ 基于电信网络的家庭网络技术要求——远程管理。

➢ 基于电信网络的家庭网络技术要求——联网技术。

➢ 基于电信网络的家庭网络技术要求——编址技术。

➢ 基于电信网络的家庭网络技术要求——媒体格式。

➢ 基于电信网络的家庭网络技术要求——数字版权。

➢ 基于电信网络的家庭网络技术要求——EMC。

➢ 基于电信网络的家庭网络技术要求——环境保护。

2. 基于电信网络的家庭网络设备技术要求

➢ 基于电信网络的家庭网络设备技术要求——家庭网关。

➢ 基于电信网络的家庭网络设备技术要求——适配设备。

➢ 基于电信网络的家庭网络设备技术要求——用户终端设备。

到 2006 年，中国通信标准化协会已经提出两份报批公示稿：

（1）基于电信网络的家庭网络总体技术要求；

（2）基于电信网络的家庭网络设备技术要求——家庭网关。

三、基于电信网络的家庭网络标准制订的总体考虑

根据目前已完成的报批公示稿，基于电信网络的家庭网络的核心功能可以理解为家庭网络相关业务与应用的通用平台。这个平台的建设是家庭网络发展的基础。因此，关于家庭网络设备的远程管理、QoS 技术及安全方面的标准需要尽快开展相关的研究制订工作。

（一）家庭网络的管理考虑

（1）公用电信网络的网元数量一般比较少，而家庭网络的网元数量非常庞大，所以，没有良好的运行和管理工具，无法维护和管理家庭网络，而传统的人工操作和排除故障的方式很难满足家庭网络的维护和管理要求。

（2）家庭网络的使用者是普通用户，普通用户不可能像机房里的专业工作人员那样恪守安全规范，不做有害于网络安全的操作，甚至一些使用者是怀有恶意的。因此，家庭网络的维护和管理更要注重运营商对设备本身的控制能力及安全性能。

（3）家庭网络遍布各个地区，远程管理是必不可少的，上门服务只有在极特别的情形下才进行。

（二）家庭网络的业务质量考虑

家庭网络承载的业务与应用是端到端的，只在其中一端采用 QoS 技术对整个端到端业务的质量而言是没有意义的。所以，家庭网络中就必须采用 QoS 技术。但家庭网络设备毕竟是面向用户，对设备成本十分敏感，因此需要权衡成本和服务质量效果。

（三）家庭网络的安全考虑

家庭网络承载的业务是丰富多彩的，但对家长而言，希望避免儿童接触到互联网上存在的有害信息，同时又不影响儿童通过互联网学习新知识，进行适当的娱乐。因此，家庭网络需要具有一定的安全手段满足家长监控方面的需求。家庭网络安全涉及的问题还包括需要防止互联网的病毒和攻击进入家庭。

（四）家庭网络的业务考虑

发展除了要关注基础平台的建设，更需要关注业务与应用的发展。目前家庭网络主要关注的业务是 TriplePlay 业务，由于以往语音、数据、视频的业务网络是各自独立的，因此，如何进行网络资源整合以提供给用户统一的服务是运营商需要解决的问题。

另一个需要关注的业务是移动和固定语音业务的融合。融合的移动固定语音业务是指在室外用户可以接入到移动语音网络，在家里可以接入到固定语音网络。尤其当我国 3G 牌照发放后，全业务运营商将会增加，提供融合的移动固定语音业务会提高运营商的竞争力。目前，国外已经出现了类似的业务和应用。

四、"基于电信网络的家庭网络总体技术要求"报批公示稿1

2005 年 8 月 16 日，开始本标准制订工作；

2006 年 1 月 20 日，形成了本报批公示文稿。

主要内容包括：

（一）范围；

（二）规范性引用文件；

（三）名词术语与定义；

（四）缩略语；

（五）家庭网络与电信网络的连接；

（六）家庭网络支持的电信类业务；

（七）家庭网络参考模型；

（八）家庭网络功能要求；

（九）家庭网络的媒体格式；

（十）家庭网络的编号及地址；

（十一）家庭网络的性能；

（十二）家庭网络设备 EMC 要求；

（十三）家庭网络设备环保要求。

（一）范围

本标准适用于电信网络提供的业务和应用通过家庭网关在家庭内部实现的情况；本标准不适用于仅在家庭内部设备之间信息流通的情况。本标准规定：

（1）基于电信网络的家庭网络与电信网络的连接；

（2）家庭网络支持的电信类业务；

（3）家庭网络的参考模型；

（4）家庭网络功能要求；

（5）家庭网络的媒体格式；

（6）家庭网络的编号及地址；

（7）家庭网络的性能；

（8）家庭网络设备 EMC 要求；

（9）家庭网络设备环保要求。

（二）规范性引用文件

下列文件中的条款通过本标准的引用而成为本标准的条款。

（1）GB 4943.1—2011：信息技术设备 安全 第一部分：通用要求。

（2）GB/T XXXXX：信息技术先进音视频编码（AVS）。

（3）YD/T 993—2006：电信终端设备防雷技术要求及试验方法。

（4）SJ/T 11310—2005：信息设备资源共享协同服务 第一部分 基础协议。

（5）ITU-T H.261（1993）：用于 p×64kbit/s 上视听业务的视频编解码器。

（6）ITU-T H.263（2005）：低比特率通信中的视频编码。

（7）ITU-T H.264（2004）：用于一般视听业务的高级视频编码。

（8）ISO/IEC 14496—10（2004）：信息技术——视听对象编码 第十部分 高级视频编码。

（9）ITU-T G.711（1988）：语音频率的脉冲编码调制。

（10）ITU-T G.722（1988）：速率为 64kbit/s 以下的 7kHz 音频编码。

（11）ITU-T G.723.1（1996）：以 5.3kbit/s 和 6.3kbit/s 为速率的多媒体通信的双速语音编码器。

（12）ITU-T G.726（1990）：40、32、24、16kbit/s 自适应差分脉冲编码调制（ADPCM）。

（13）ITU-T G.728（1992）：16kbit/s 低时延的代码激励线性预测语音编码器。

（14）ITU-T G.729（1996）：运用共轭结构代数码线性预测激励 8kb/its 语音编码。

（15）ISO/IEC 11172-3（1993）：信息技术——码率为 1.5Mbit/s 的用于数字存储媒体的活动图像及其伴音的编码 第三部分 音频。

（16）SO/IEC 13818-2（2000）：信息技术——通用活动图像及其伴音信息的编码 第 2 部分 视频。

（17）ISO/IEC 13818-3（1998）：信息技术——通用活动图像及其伴音信息的编码 第 3 部分 音频。

（18）ISO/IEC 14496-2（2004）：信息技术——视听对象编码 第二部分 可视对象。

（19）ISO/IEC 14496-3（2001）：信息技术——视听对象编码 第三部分 音频。

（20）UPnPUDA1.0（2000）：UPnP^{TM} 设备架构。

（21）DSL Forum TR-069（2004）：CPE WAN 管理协议。

（22）SMPTE S 421M VC-1：压缩视频比特流格式和解码过程。

（三）名词术语与定义

1. 基于电信网络的家庭网络

基于电信网络的家庭网络是在家庭内部以有线或无线方式将多个设备连接起来，并通过家庭网关将电信网络提供的业务和应用延伸到家庭范围内的网络。

2. IPTV

IPTV 是一种利用宽带 IP 网络为用户提供交互式多媒体服务的业务，其主要特点在于交互性和实时性。通过 IPTV 业务，用户可以得到高质量的数字媒体服务，可以自由地选择宽带 IP 网的视频节目，实现媒体提供者和媒体消费者的实质性互动。

（四）缩略语

（1）DoS：Denial of Service，拒绝服务。

（2）DRM：Digital Rights Management，数字版权管理。

（3）EUTE：End User Terminal Entity，用户终端功能实体。

（4）FPE：Functional Processing Entity，功能处理实体。

（5）HCE：Home Core Entity，家庭网络核心功能实体。

（6）HTTPS：Hypertext Transfer Protocol with SSL，采用 SSL 的超文本传送协议。

（7）IP：Internet Protocol，互联网协议。

（8）ITU：International Telecommunications Union，国际电信联盟。

（9）MPEG：Motion Picture Experts Group，活动图像专家组。

（10）NAE：Network Access Entity，网络接入功能实体。

（11）NAT：Network Address Translation，网络地址转换。

（12）PSTN：Public Switched Telephone Network，公众交换电话网。

（13）QoS：Quality of Service，服务质量。

（14）SNMP：Simple Network Management Protocol，简单网络管理协议。

（15）SSH：Security Shell，安全壳。

（16）SSL：Secure Socket Layer，安全套接层。

（17）TLS：Transport Layer Security，传送层安全性。

（18）UI：User Interface，用户界面。

（19）UPnP：Universal Plug and Play，通用即插即用。

（20）VoD：Video on Demand，视频点播。

（五）家庭网络与电信网络的连接

家庭网络与电信网络的连接如图 10-2 所示。家庭网络通过家庭网关经由接入网与电信业务网络（如 Internet、IPTV 网、软交换网等）、设备管理平台和业务管理平台相连。

家庭网络和电信网络之间的信息交互模式如下。

（1）家庭网络的设备和电信网络进行交互，获得必需的配置和管理；

（2）家庭网络用户使用家庭网络内部设备通过家庭网关连接到电信网络获得电信网络提供的服务；

（3）家庭网络用户通过电信网络所提供的资源或通道连接到其他家庭网络，进行信息交互和资源共享；

（4）远程用户通过电信网络接入到家庭网络内部与家庭网络内部设备进行资源共享和信息交互。

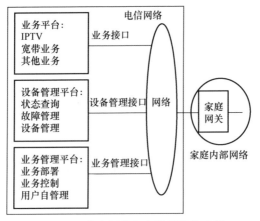

图 10-2 家庭网络与电信网络的连接

（六）家庭网络支持的电信类业务

1. 家庭网络所支持的信息形式

（1）音频。

（2）视频。

（3）文本。

（4）数据。

2. 家庭网络支持的电信类业务包括但不限于以下业务

（1）语音业务

① PSTN 电话；

② IP 电话；

③ 移动电话；

④ 无线市话；

⑤ FMC 语音；

⑥ 语音增值业务。

（2）视频业务

① IPTV；

② VoD；

③ 远程教学；

④ 可视电话；

⑤ 视频会议；

⑥ 视频监控。

（3）数据业务

① 互联网访问；

② 电子商务；

③ 短消息；

④ 家电控制；

⑤ 远程接入业务。

家庭网络应具备相应的升级能力以支持新的业务。

（七）家庭网络参考模型

家庭网络功能参考模型如图 10-3 所示。

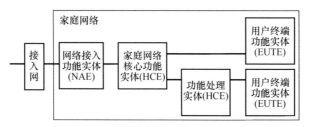

图 10-3 基于电信网络的家庭网络功能参考模型

1. 家庭网络内部的逻辑功能实体

（1）网络接入功能实体（Network Access Entity，NAE）：NAE 负责终结接入技术。

（2）家庭网络核心功能实体（Home Core Entity，HCE）：HCE 负责完成家庭网络的核心功能，包括家庭内部设备的联网、远程管理、QoS、安全等。

（3）功能处理实体（Functional Processing Entity，FPE）：FPE 负责IP/非 IP 的转换，以及信令、媒体格式的转换。

（4）用户终端功能实体（End User Terminal Entity，EUTE）：EUTE由用户直接使用，提供 UI 界面。

2. 家庭网络的物理设备

（1）接入网络终端设备：实现 NAE，例如，ADSL Modem 就是一种接入网络终端设备。

（2）家庭网关：实现的逻辑功能实体组合可以是 HCE、HCE+FPE、NAE+HCE 和 NAE+HCE+FPE。

（3）适配设备：实现 FPE。例如，IPTV 的机顶盒就是一种适配设备。

（4）用户终端设备：实现的逻辑功能实体组合可以是 EUTE 和 FPE+EUTE。例如，电视机是一种用户终端设备，计算机也是一种用户终端设备。

（八）家庭网络功能要求

1. 家庭网络与电信网络的连接能力

家庭网络可以采用各种接入方式与电信网络连接。

2. 内部设备之间的联网能力

家庭内部设备之间的联网技术应适应业务的发展，具有一定的可扩展性。家庭内部设备之间的联网技术的选择要考虑业务对带宽、QoS 和传输距离的需求。无线联网技术还需要注意空中接口的安全性。

3. 网络设备管理

网络设备管理包括本地管理和远程管理。家庭网络设备应具有本地管理界面以支持本地登录以及管理与控制，该管理界面应仅限于本地使用，不能从家庭外部访问该界面。家庭网络相关设备（如家庭网关、机顶盒等）应支持运营商对其远程管理，管理方式可以是运营商对设备的直接管理或通过家庭网关代理进行管理。家庭网络设备支持远程管理应具有安全机制以避免非法的远程管理。远程管理的协议可以是 TR-069 或 SNMP。远程管理的内容主要包括以下 4 条。

（1）设备的自动配置和业务动态配置：设备应支持初始零配置，简化运营商和最终用户使用的复杂度。设备的配置不仅包括初始零配置，还包括在随后的任意时刻所需要的重新配置。

（2）软件和固件的管理：运营商可以自动识别当前家庭网络相关设备的软件和固件的版本，并在需要时可以由运营商或用户启动对家庭网关软件和固件的升级。升级后将升级是否成功的结果反馈给运营商。

（3）状态和性能监视：运营商可以即时获得家庭网络相关设备的当前状态和性能参数。

（4）诊断：运营商可以即时诊断家庭网络相关设备在连接或业务上

出现的问题。

4. 家庭网络的 QoS 能力

家庭网络中的服务质量保证主要通过家庭网关完成。在家庭网络中应用的 QoS 保证技术应支持的功能包括：

（1）家庭网络中的业务和应用可以为不同的优先级；

（2）根据业务需求提供满足业务网络要求的端到端的传输能力；

（3）业务和应用的带宽和优先级是可以根据用户或管理系统的要求进行调整的；

（4）家庭网络中使用的 QoS 保证技术应能够与电信网络中使用的 QoS 保证技术互联，协调工作；

（5）应能兼容不同的家庭接入技术和家庭内部联网技术

（6）应具有 QoS 监测和统计能力；

（7）应具有良好的扩展性，包括业务可扩展性和网络可扩展性。

5. 家庭网络的安全要求

（1）设备安全

家庭网关作为家庭网络的接入设备，直接面对着公用电信网络，其安全性直接影响着家庭网络的安全。

① 内外网隔离及访问控制：家庭网关在家庭内部网络和公用电信网络之间，实现访问控制。根据防范的方式和侧重点的不同，可以选择分级过滤或应用代理等不同类型的防火墙。

② 防止来自公用电信网络的攻击：公用电信网络上有大量的扫描与 DoS 攻击。家庭网关对这些攻击应可以进行识别、报警并阻止，保证家庭网络内部的安全。

③ 记录日志：家庭网络应提供记录日志，以记录家庭网络外部和内部之间违反预先设定的规则或策略的访问，包括防火墙事件日志、远程接入日志和父母控制日志，同时记录在相关设备上的操作，并提供查询、清空日志记录功能，这样便于根据记录日志实现相关的管理和分析（如查找攻击的发起者，控制对某些 Internet 站点的访问等）。

（2）用户个人标识信息的安全

用户进行身份验证可以使用用户名加密码的方式。用户名与密码是一种最为简单的认证方式，在目前绝大多数的系统登录时均采用这种方式。用户进行身份验证可以使用证书的方式，证书包含了来自于颁发该证书的证书颁发机构的数字签名。证书的真实性由发行机构提供保证。证书可以保存在硬盘、智能卡等介质上。

用户进行身份验证可以使用终端设备标识的方式，可以是直接存储在设备上面的设备识别码，或者是根据接入线路计算出来的固定的物理位置编码，或者是保存在智能卡（如 SIM 卡）上的验证信息和密钥等。

（3）信息传送的安全

家庭网络可采用 IPSec、SSL、TLS、HTTPS、SSH 等技术，使家庭网络具有一定的信息传送安全功能。

用户接入到运营商的网络后，可能会传送一些个人的敏感信息，为了避免这些信息内容的泄露，必须保证这些信息的安全传送。

另外，家庭网络远程管理的相关信息也需要信息传送的安全功能，保证这些信息的安全传送。

（4）信息过滤功能

家庭网络具有信息过滤功能，可以实现诸如家长控制等功能。

（5）人身安全

家庭网络的设备放置在用户家中，应满足 GB 4943《信息技术设备的安全》的相关要求。有关过电压和过电流的技术要求应满足 YD/T 993《电信终端设备防雷技术要求及试验方法》的相关要求。

6. 家庭网络的设备自动发现

家庭网络的内部设备之间应当遵从 SJ/T 11310《信息设备资源共享协同服务 第一部分：基础协议》或 UpnP UDA1.0《UPnP 设备架构》的规定，完成设备之间的自动发现和自动配置。

7. 家庭网络的业务处理能力

家庭网络不仅是业务的承载网络，同时还要具有业务处理能力。例如，VoIP 的业务处理能力和 IPTV 的业务处理能力等。

8. 家庭网络的业务提供能力

家庭网络应提供远程用户的外部访问，并提供视频监控、信息家电远程控制、家庭网站等业务的能力。

9. 设备供电能力

如果家庭网络支持特殊业务需要不中断供电，家庭网络相关设备应具有后备电源，或具有远程供电功能以满足特殊业务的需求。

10. 家庭网络的可扩展能力

家庭网络上将不断地被引入新业务，因此家庭网络必须具有可扩展能力以支持新的业务。

（九）家庭网络的媒体格式

家庭网络若支持某种电信业务，则必须符合该业务系统对媒体的相应要求，包括编解码器的支持、媒体格式、码流速率和媒体质量（如峰值信噪比 PSNR）等。

1. 非会话型业务编码要求

对于家庭娱乐业务，如视音频点播、IPTV 等，一般选用压缩比较高、输出质量较好的编码标准。这类编码标准的复杂度和时延也较大。

视频方面，能够满足这些需求的编码标准有 GB/T XXXXX AVS、ISO/IEC 13818-2 MPEG-2、ISO /IEC 14496-2 MPEG-2、H.264 和 SMPTE S 421M VC1 等，采用时应该根据业务的需要选择这些编码标准的合适档次（Profile）和级别（Level）。

音频方面，可供选用的标准有 ISO/IEC 11172-3 MPEG-1 Audio、ISO/IEC 13818-3 MPEG-2 Audio、ISO/IEC 14496-3 MPEG-4 Audio、Dolby DTS 和 AC-3 等，采用时应该根据业务的需要选择这些编码标准的合适档次（Profile）和级别（Level）。

2. 会话型业务编码要求

对于实时的会话型业务，如可视电话和视频会议等，需要选用低复杂度、低时延的编码器，如 H.261、H.263 Profile 0/1/2、ISO/IEC 14496-2 MPEG-4 Simple Profile 和 H.264 Baseline Profile 等。实时会话业务中常用的音频编码主要完成语音的编码功能。常用的语音编码标准有 ITU-T G.711、G.722、G.723.1、G.726、G.728、G.729 以及 ISO/IEC 14496-3 MPEG-4 Audio 的 Speech Profile/MAUP Profile。

3. 数字版权管理

数字版权管理（Digital Rights Management，DRM）是保护多媒体内容免受未经授权的播放、复制、修改的机制。

为支持各内容提供商（Content Provider，CP）的 DRM 功能，家庭网络中的相关设备应该含有相应的 DRM 处理模块，建议在家庭网络内部考虑对媒体内容共享进行管理的机制。

（十）家庭网络的编号及地址

1. 编号

家庭网络中的用户可能以各种身份接入电信业务网络中，有些电信业务网络可能还需要用户具有应用层的编号和标识，这些终端或用户所具有的应用层编号和标识服从于电信业务网络中关于编号和标识的相关规定。目前的编号方式有以下两种方式：

（1）E.164 编号；

（2）文本标识。

2. 地址

家庭网络中不仅那些传统的互联网接入设备、通信设备需要分配地址，各种家电设备要加入网络中并进行通信也需要相应的编址。

（1）IPv4 编址

采用 IPv4 对家庭网络中的设备编址，家庭网络设备可以使用私网地址或公网地址。当采用私网地址时，为隔离开家庭网络和公用电信网络，需要在家庭网络的边界处设置 NAT 和防火墙。NAT 和防火墙设备则需要分配一个或一组公网地址或者上一级的私网地址（划分多级私网时），家庭内部的设备经过 NAT 的地址翻译与公用电信设备进行通信。

（2）IPv6 编址

采用 IPv6 编址方案，每个家庭网络终端设备都拥有一个 IPv6 地址，同一家庭网络内部的终端应分配连续的 IPv6 地址。

（3）非 IP 域的设备编址

家庭网络中非 IP 域的设备比如各种简单电气设备、监控设备等的编址方式有待进一步研究。

（十一）家庭网络的性能

家庭网络的引入不应给用户带来业务服务质量上的差异。

（十二）家庭网络设备 EMC 要求

家庭网络设备的 EMC 要求将在今后相关标准中规定。

（十三）家庭网络设备环保要求

家庭网络设备必须满足《电子信息产品污染防治管理办法》对其有毒物质的限制和管理要求。

（1）家庭网络设备应尽量设计为便于回收拆分的机械结构。使用的原材料应尽量避免对环境产生不良影响的物质，如铅（Pb）、镉（Cd）、汞（Hg）、六价铬（Cr^{+6}）、含溴阻燃物质、含氯阻燃物质、石棉、有机锡化合物、偶氮化合物、氯化石蜡等。家庭网络设备的说明书中应按照相关规定列出有关内容。

（2）家庭网络设备的电磁辐射应尽量减少对人身安全与健康的影响。

（3）对家庭网络设备的有害物检测方法、样品拆分原则、回收结构要求等在相应系列标准中规定。

（4）因家庭网络设备在家庭中应用，其日常的能耗对环境负荷将十分重要，应尽量采用低能耗设计方案。家庭网络设备的能耗要求将在相应系列标准中规定。

五、"基于电信网络的家庭网络设备技术要求"报批公示稿 2

2005 年 8 月 16 日，开始本标准制定工作；

2006 年 1 月 20 日，形成了本报批公示文稿。

主要内容包括：

（一）范围；

（二）规范性引用文件；

（三）名词术语与定义；

（四）缩略语；

（五）家庭网关的定义及分类；

（六）家庭网关的功能参考模型；

（七）接入功能；

（八）联网功能；

（九）传送功能；

（十）地址功能；

（十一）QoS 功能；

（十二）安全功能；

（十三）远程管理功能；

（十四）本地管理功能；

（十五）性能；

（十六）整机要求。

（一）范围

本标准规定了家庭网关的内容包括：

（1）定义及分类；

（2）功能参考模型；

（3）接入功能；

（4）联网功能；

（5）传送功能；

（6）地址功能；

（7）QoS 功能；

（8）安全功能；

（9）远程管理功能；

（10）本地管理功能；

（11）性能；

（12）整机要求。

本标准适用于基于电信网络的家庭网络中的家庭网关设备。如无特别说明，本标准中所出现的家庭网络均指基于电信网络的家庭网络，电信网络均指公用电信网络。

（二）规范性引用文件

下列文件中的条款通过本标准的引用而成为本标准的条款。

（1）《包装储运图示标志》（GB/T 191—2008）。

（2）《电工电子产品环境试验　第二部分：试验方法　试验 A：高温》（GB/T 2423.1—2008）。

（3）《电工电子产品环境试验　第二部分：试验方法　试验 B：高温》（GB/T 2423.2—2008）。

（4）《电工电子产品环境试验　第二部分：试验方法　试验 Eb 和导则：碰撞》（GB/T 2423.6—1995）。

（5）《电工电子产品环境试验　第二部分：试验方法　试验 Ed：自由跌落》（GB/T 2423.8—1995）。

（6）《电工电子产品环境试验　第二部分：试验方法　试验 Ca》（GB/T 2423.3—2006）。

（7）《电工电子产品环境试验　第二部分：试验方法　试验 Fc：振动（正弦）》（GB/T 2423.10—2008）。

（8）《通信设备产品包装通用技术条件》（GB/T 3873—1983）。

（9）《信息技术设备　安全　第 1 部分：通用要求》（GB 4943.1—2011）。

（10）《电信终端设备防雷技术要求及试验方法》（YD/T 993—2006）。

（11）《防火墙设备技术要求》（YD/T 1132—2001）。

（12）《CPE 广域网管理协议》（TR-069：2006）。

（三）名词术语与定义

基于电信网络的家庭网络是在家庭内部以有线或无线方式将多个设备连接起来，并通过家庭网关将电信网络提供的业务和应用延伸到家庭范围内的网络。

（四）缩略语

（1）ATM：Asynchronous Transfer Mode，异步传递模式。

（2）CBR：Constant Bit Rate，恒定比特率。

（3）DDNS：Dynamic Domain Naming System，动态域名系统。

（4）DHCP：Dynamic Host Configuration Protocol，动态主机配置协议。

（5）DMZ：Demilitarized Zone，非军事化区。

（6）DNS：Domain Name System，域名系统。

（7）DoS：Denial of Service，拒绝服务。

（8）DSCP：Differentiated Service Code Point，差分服务编码点。

（9）DSL：Digital Subscriber Line，数字用户线。

（10）EUTE：End User Terminal Entity，用户终端功能实体。

（11）FPE：Functional Processing Entity，功能处理实体。

（12）FTP：File Transfer Protocol，文件传输协议。

（13）HCE：Home Core Entity，家庭网络核心功能实体。

（14）HTTP：Hypertext Transfer Protocol，超文本传送协议。

（15）HTTPS：Hypertext Transfer Protocol with SSL，采用 SSL 的超文本传送协议。

（16）ICMP：Internet Control Message Protocool，互联网控制消息协议。

（17）IGMP：Internet Group Management Protocol，因特网组管理协议。

（18）IP：Internet Protocol，互联网协议。

（19）IPCP：Internet Protocol Control Protocol，IP 控制协议。

（20）L2TP：Layer 2 Tunneling Protocol，两层隧道协议。

（21）MAC：Media Access Control，媒质接入控制。

（22）NAE：Network Access Entity，网络接入功能实体。

（23）NAT：Network Address Translation，网络地址转换。

（24）nrt-VBR：Non-Real-Time VBR，非实时的可变比特率（业务）。

（25）PAT：Port Address Translation，端口地址转换。

（26）PON：Passive Optical Network，无源光网络。

（27）PPP：Point-to-Point Protocol，点对点协议。

（28）PPTP：Point to Point Tunneling Protocol，点对点隧道协议。

（29）PVC：Permanent Virtual Connection，永久虚连接。

（30）QoS：Quality of Service，服务质量。

（31）RIP：Routing Information Protocol，路由信息协议。

（32）rt-VBR：Real-Time VBR，实时的可变比特率（业务）。

（33）SNMP：Simple Network Management Protocol，简单网络管理协议。

（34）SSH：Secure Shell，安全壳。

（35）SSL：Secure Socket Layer，安全套接层。

（36）TCP：Transmission Control Protocol，传输控制协议。

（37）TFTP：Trivial File Transfer Protocol，单纯文件传输协议。

（38）TLS：Transport Layer Security，传送层安全性。

（39）TOS：Type of Service，服务类型。

（40）UBR：Unspecified Bit Rate，未规定比特率（业务）

（41）UDP：User Datagram Protocol，用户数据报协议。

（42）URL：Uniform Resource Locator，通用资源位置符。

（43）VBR：Variable Bit Rate，可变比特率。

（44）VLAN：Virtual Local Area Network，虚拟局域网。

（45）VoIP：Voice over IP，在 IP 上传送语音。

（46）VPN：Virtual Private Network，虚拟专用网络。

（五）家庭网关的定义及分类

1. 家庭网络逻辑功能参考模型

家庭网络功能参考模型如图 10-4 所示。

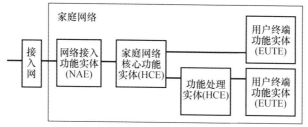

图 10-4　基于电信网络的家庭网络功能参考模型

家庭网络内部的逻辑功能实体有 4 个。

（1）网络接入功能实体（Network Access Entity，NAE）：负责终结接入技术。

（2）家庭网络核心功能实体（Home Core Entity，HCE）：负责完成家庭网络的核心功能，包括家庭内部设备的联网、远程管理、QoS、安全等。

（3）功能处理实体（Functional Processing Entity，FPE）：负责 IP/非 IP 的转换，以及信令、媒体格式的转换。

（4）用户终端功能实体（End User Terminal Entity，EUTE）：由用户直接使用，提供 UI 界面。

2. 家庭网关的定义及分类

家庭网关是家庭网络与电信网络之间的网关设备。家庭网络内其他设备通过它可以与电信网络之间进行信息交互，也可以进行设备之间的信息交互。

家庭网关实现图 10-4 中的逻辑功能实体组合，可以是：

（1）HCE；

（2）HCE+FPE；

（3）NAE+HCE；

（4）NAE+HCE+FPE。

本标准推荐家庭网关实现 NAE+HCE 或 NAE+HCE+FPE。

根据家庭网关实现的逻辑功能组合的不同，家庭网关可以分为以下两类。

（1）类型 1（无业务实现功能的家庭网关）：该类型的家庭网关实现 NAE+HCE 的功能，不支持业务/应用相关的功能；

（2）类型 2（支持业务实现功能的家庭网关）：该类型的家庭网关实现 NAE+HCE+FPE 的功能，即除了具有类型 1 家庭网关支持的各项功能外，还具有与业务实现相关的各项功能。由于业务的种类很多，该类型的网关还可以进一步分类。

3. 家庭网关在家庭网络中的位置

家庭网关在家庭网络中的位置如图 10-5 所示。家庭网关可以通过各种接口直接与接入网相连。家庭网关可以直接与用户终端设备相连，也可以通过适配设备与用户终端设备相连。

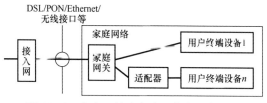

图 10-5　家庭网关在家庭网络中的位置图

（六）家庭网关的功能参考模型

家庭网关的功能参考模型如图 10-6 所示，包括 5 个方面的功能模块。

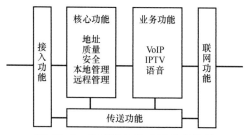

图 10-6　家庭网关的功能参考模型

（1）接入功能

家庭网关的接入功能主要实现家庭网络与电信网络的连接。

（2）联网功能

家庭网关的联网功能主要实现家庭内部的用户终端设备之间的连接。

（3）传送功能

家庭网关的传送功能主要实现家庭网络内部设备与电信网络之间 IP 包等的传送。

（4）核心功能

家庭网关的核心功能包括以下 4 个功能。

① QoS 功能：主要实现多业务流的分级处理及转发。

② 安全功能：主要防止外部网络对家庭网络的非法访问及内部网络的非法接入。

③ 远程管理功能：主要实现运营商对家庭网关的远程管理与控制。

④ 本地管理功能：主要实现家庭网关的本地登录管理与控制。

（5）业务功能

业务功能模块是可选的，其他功能模块是必选的。业务功能模块与公共电信网络的业务实现相关。由于业务的种类很多，这部分的规定不在本标准中涉及，将在后续标准中进行研究。

（七）接入功能

家庭网关可以采用各种接入方式与电信网络相连。

家庭网关的接入方式应支持 IP 包的传送。

（八）联网功能

家庭网关的联网功能应能够保证在不需要其他物理设备的帮助下支持不少于两个用户终端设备的联网。联网技术可以是有线的，也可以是无线的。使用无线技术时应保证空中接口的安全性。

家庭网关的联网功能应支持 IP 包的传送。

（九）传送功能

家庭网关的传送功能主要实现家庭网络内部设备与电信网络之间 IP 包等信息的传送，也可以实现内部设备之间的 IP 包传送。

（1）应支持 3 种工作方式：Bridge、Router 和 Bridge/Router 混合方式；

（2）应支持静态路由；

（3）应支持 IGMP Proxy 和 IGMP Snooping，提供组播转发功能；

（4）可选支持动态路由和支持 RIPv1/v2；

（5）可选支持源地址路由。

（十）地址功能

家庭网关应具有自身 IP 地址获取以及支持家庭内部终端获取 IP 地址的功能。

1. 地址解析功能

（1）必须支持 DNS relay，支持家庭网络内部设备的 DNS 请求转发，支持相关配置和查询功能；

（2）必须支持外部 DNS server 的地址获取功能，并能够将此信息转发至家庭内部网络设备；

（3）建议支持多个外部 DNS server 和 WAN 口连接绑定功能；

（4）建议支持 DDNS，提供本地域名配置功能。

2. 家庭网关应支持 IPv4 地址

（1）家庭网关应支持所有外部网络分配 IP 地址的方式以获取 IP 地址。目前外部网络 IP 地址的主要分配方式包括：① 静态 IP 地址配置；② PPP 中的 IPCP；③ DHCP，家庭网关必须支持 DHCP client，必须支持采用 Option 60 方式向局端设备上报设备信息，必须支持识别网络侧设备发送的 Option 43。

（2）分配家庭网络设备使用私网地址时，家庭网关需要具有 NAT 和 PAT 功能，完成家庭网络内部私有地址与外部公有地址的转换，同时还应实现相应业务的 NAT 穿越功能。家庭网络内部的 IP 地址分配方式主要有：① 静态配置；② DHCP 方式，家庭网关应具有 DHCP Server 功能，为家庭内部设备分配私网 IP 地址，建议为家庭网络提供至少 253 个可分配地址，支持不同网段 DHCP 地址池，支持是否启动 DHCP 服务，支持地址池空间和地址租期，支持配置查询，能够识别家庭网络内部设备上报的 Option 60 并发送 DHCP 的 Option 43；③ 如果家庭内部设备需要从外部网络直接获取 IP 地址，家庭网关应支持家庭内部设备从外部网络直接获取 IP 地址。

3. 家庭网关可选支持 IPv6 地址

（十一）QoS 保障功能

家庭网关应具有 QoS 保障功能以实现多业务流的分级处理及转发。

（1）家庭网关应支持外部网络要求的 QoS 机制。例如，ATM 的 QoS 机制、以太网的 QoS 机制和 IP 的 QoS 机制。

（2）如果外部网络采用 ATM 的 QoS 机制，家庭网关应支持流分类结果与 PVC 的映射；PVC 支持 UBR、CBR、rt-VBR、nrt-VBR 业务类型，并提供 PVC 业务类型配置查询功能。

（3）如果外部网络采用以太网的 QoS 机制，家庭网关应支持流分类结果与 802.1p 的映射。

（4）如果外部网络采用 IP 的 QoS 机制，家庭网关应支持流分类结果与 TOS、DSCP（EF/BE/AF1/AF2/AF3/AF4）的映射。

（5）家庭网关必须支持基于以下元素的流分类规则，包括源/目的 IP、源/目的 MAC、协议类型（TCP/UDP/ICMP/IGMP）TOS、802.1p、DSCP、VLAN Tag、源/目的端口号、入/出物理端口，可选支持 URL 集和包长度的流分类规则。

（6）家庭网关应具有优先级处理能力，保证高优先级业务先占用出口带宽。

（7）家庭网关必须支持基于业务流的接入速率控制。

（8）建议支持动态 QoS。

（十二）安全功能

家庭网关应具有防止外部网络对家庭网络非法访问以及内部网络非法接入的功能。

（1）家庭网关应具备一定的防网络攻击能力，为家庭内部网络提供一个相对安全的网络环境。网关防火墙需要提供接入控制能力、报文过滤能力、防 DoS 攻击能力、防端口扫描能力、防止非法报文攻击能力，并提供本地网络安全日志。家庭网关应保证业务流能正常通过防火墙。建议支持 YD/T 1132-2001。家庭网关必须支持 DMZ，提供 DMZ 主机的配置查询功能。

（2）家庭网关应能够提供 VPN 功能，具体要求如下：

① 必须支持路由模式下 PPTP、L2TP、IPSec 通道的穿越，支持同时穿越多条会话；

② 建议支持 IPSec；

③ 建议支持 L2TP 两层 VPN。

（3）家庭网关应具有一定的安全措施（如 IP Sec、SSL、TSL、SSH、HTTPS），保证运营商对家庭网关远程管理和控制的安全性，避免对家庭网关的非法配置。同时家庭网关应具有一定的安全机制，如远程网管都必须支持连接认证、修改管理认证账号、系统日志和安全日志、管理信息传输的安全机制等，保证远程管理的安全性。

（4）家庭网络应提供记录日志，以记录家庭网络外部和内部之间违反预先设定的规则或策略的访问，包括防火墙事件日志、远程接入日志和父母控制日志，如非法访问某些 Internet 站点。同时记录在相关设备上的操作，并提供查询、清空日志记录功能。这样便于根据记录日志实现相关的管理和分析，如查找攻击的发起者，控制对某些 Internet 站点的访问等。

（5）建议家庭网关具有家长控制功能，控制的策略可以基于时间、应用或者时间和应用的结合。

（十三）远程管理功能

家庭网关应具有相应的功能以支持运营商对其远程管理。家庭网络相关设备应支持运营商对其的远程管理，管理方式可以是运营商对设备的直接管理或通过家庭网关代理进行管理。远程管理的内容主要包括以下几点。

1. 家庭网关的自动配置和业务动态配置

家庭网关应支持初始零配置，简化运营商和最终用户使用的复杂度。家庭网关的配置不仅包括初始零配置，还包括在随后的任意时刻所需要的重新配置。

（1）网关的自动配置包括：① 设备参数配置管理，管理员可以更改各种设备参数，以使设备能够正常运作；② 配置文件升级和备份，管理员可以从设备上下载配置文件，进行查看、修改和备份等，也可以把修改后的配置文件传到设备中，配置文件传输协议需要支持 HTTP、HTTPS、FTP 或 TFTP；③ 恢复出厂配置，可以通过恢复出厂时的配置参数方式，把设备恢复成出厂时的参数设置状态；④ 当设备出现故障不能继续运行时，必须支持通过重启设备恢复运行。

（2）业务的动态配置包括：① 必须支持自动方式的业务配置功能，服务提供商无需对设备进行手工配置；② 家庭网关必须支持提供可远程激活去激活增值业务的能力。

2. 软件和固件的管理

（1）运营商可以自动识别当前家庭网关的软件和固件的版本，并在需要时由运营商或用户启动对家庭网关软件和固件的升级。升级后将升级是否成功的结果反馈给运营商。

（2）传输协议需要支持 HTTP、HTTPS、FTP 或 TFTP。

（3）升级必须支持安全校验。

3. 状态和性能监视

运营商可以即时获得家庭网关的当前状态和性能参数。

4. 诊断

运营商可以即时诊断家庭网关在连接或业务上出现的问题。

（十四）市地管理功能

（1）家庭网关 Web 本地管理方式必须支持两级用户管理模式，即普通用户和管理员用户。普通用户具备家庭网关联网的基本配置和设备查询能力；管理员用户具备家庭网关完整的配置和管理能力，能够查询普通用户的用户名和修改普通用户信息。默认的管理员用户名和密码为"admin/admin"，默认的普通用户名和密码为"user/user"。管理员用户名和密码应能够通过远程管理平台修改。

（2）家庭网关可以支持本地故障恢复功能。当设备发生本地故障恢复后，必须向远程网管上报相关事件。

（十五）性能

家庭网关的性能包括：地址表容量、以太帧/IP 包转发能力、转发时延和其他与业务相关的性能指标。具体指标暂不规定。

（十六）整机要求

1. 工作条件要求

（1）供电要求

家庭网关（或其电源适配器）应支持本地交流供电方式，输入交流电压及其波动范围要求为：单相 220V，变化范围为 10%；频率 50Hz，变化范围为 5%；线电压波形畸变率小于 5%。设备在此范围内应正常工作。如果家庭网关支持特殊业务需要不中断供电，家庭网关应具有后备电源或具有远程供电功能。

（2）环境要求

家庭网关在以下环境中应能正常工作。

（1）工作温度：0～40℃；

（2）工作湿度：10%～95%：

（3）无凝结大气压力：86～106kPa。

2. 例行试验

（1）振动试验

家庭网关应符合 GB/T 2423.10—2008 的要求。家庭网关关机状态下经频率范围 10～55Hz、位移幅值 0.35mm，扫频振动每轴向 30min 后，应无机械损失和结构松动，能保持正常工作。

（2）碰撞试验

家庭网关应符合 GB/T 2423.6—1995 的要求。家庭网关关机状态下经受峰值加速度 $100m/s^2$、脉冲持续时间 16ms，碰撞 3000 次后，应无机械损伤和结构松动，能保持正常工作。

（3）跌落试验

家庭网关应符合 GB/T 2423.8—1995 的要求。家庭网关从 500mm 高度自由跌落于混凝土地面，每面两次，之后应能正常工作。

（4）存储要求

家庭网关关机状态下经（−25±3）℃低温存储 16 小时，在正常大气压条件下恢复常温，两小时后应能正常工作。

3. 标志包装运输

（1）产品标志

家庭网关设备在产品适当位置，应有铭牌，铭牌的形式和尺寸应符合相关标准的规定。

（2）包装标志

家庭网关设备外包装应有包装储运图示，标志应按 GB/T 191—2008 有关规定执行。

（3）包装

随机文件包括产品合格证、使用说明书和产品随机备附件清单。产品包装要求应符合 GB/T 3873—1983 的有关规定。

（4）运输

产品可由火车、汽车、飞机、船舶运输，但在运输过程中应有遮蓬，不应有剧烈的震动和撞击，并应按包装箱上标明方向放置。

4. 散热要求

家庭网关设备应具有良好的散热功能，能够保证长时间的正常使用。

5. 电气安全性要求

（1）安全要求

家庭网关产品需满足 GB/T 4943.1—2011 的要求。

（2）过电压过电流

满足 YD/T 993—2006 的相关要求。

（3）电磁兼容性

待定，参见后续标准。

6. 环保要求

家庭网关必须满足《电子信息产品污染控制管理办法》对其有毒物质的限制和管理要求。

（1）家庭网关应尽量设计为便于回收拆分的机械结构。使用的原材料应尽量避免对环境产生不良影响的物质，例如，铅（Pb）、镉（Cd）、汞（Hg）、六价铬（Cr^{+6}）、含溴阻燃物质、含氯阻燃物质、石棉、有机锡化合物、偶氮化合物、氯化石蜡等。

（2）家庭网关的说明书中应按照相关规定列出有关内容。

（3）家庭网关的电磁辐射应尽量减少对人身安全与健康的影响。

（4）对家庭网关的有害物检测方法、样品拆分原则、回收结构要求等在相应系列标准中规定。

（5）因家庭网关在家庭中应用，其日常的能耗对环境负荷将十分重要，应尽量采用低能耗设计方案。家庭网关的能耗要求在相应系列标准中规定。

第十一章　数字家庭网络技术预研项目

参考中国通信标准化协会（CCSA）拟定的，基于电信网络的家庭网络系列标准结构和名称的预计题目；参考CCSA已经提出的"基于电信网络的家庭网络总体技术要求"和"基于电信网络的家庭网络设备技术要求"两个报批公示稿；考虑到上述项目需要的核心支持专题技术和综合试验，整合提出以下数字家庭信息系统基础技术预研项目。

本章要点

- ★ 家庭网络服务质量保障
- ★ 家庭网络的网络安全
- ★ 标识认证技术
- ★ 家庭网络的远程管理
- ★ 家庭网络的联网技术
- ★ 家庭网络的 IP 地址分配
- ★ 正交频率复用（OFDM）技术
- ★ 家庭网络电磁兼容（部标预计研究标准）
- ★ 家庭网络环境保护（部标预计研究标准）
- ★ 家庭电力线传输系统
- ★ 家庭网络的用户终端融合
- ★ 软网关技术
- ★ 基于 HFC/ELC 的家庭网络试验系统

一、家庭网络服务质量保障

家庭网络承载多种业务，每种服务的服务特性不同，所以对网络资源的需求也不同。为了既保证服务质量又节省网络资源，必须采用一定的技术区别对待不同的服务。

（一）家庭网络服务质量保障功能

用户终端服务是端到端的，在整个端到端传递过程，包括两段家庭网络、两段接入网络和中间的核心网络。就传输损伤而言，主要出现在核心网络和接入网络；就保障服务质量而言，家庭网络的作用是对服务进行简明分类。根据服务分类，使得端到端传输保障服务质量。家庭网络服务质量保障功能的实现涉及以下 3 类功能。

1. 控制平面服务质量保障功能

（1）接纳控制功能；

（2）资源预留功能。

2. 传送平面保障服务质量功能

（1）流量分类和分组标记；

（2）流量整形和流量管制；

（3）排队和调度；

（4）拥塞控制和拥塞避免；

（5）队列（缓存）管理。

3. 管理平面服务质量保障功能

（1）用户线接入功能；

（2）流量的计量和测量；

（3）策略管理。

（二）全网服务质量保障要求

家庭网关负责接入家庭中的多种适配终端设备及其应用，当家庭中多个成员分别享用多种服务时，很可能发生竞争家庭出口带宽的问题。可见，在接入汇聚设备上保障服务质量是全网实现服务质量保障机制的关键。因此，需要综合考虑网络性能和实现成本，拟定适当的接入策略。

1．目前家庭网关的服务质量保障功能要求

目前，家庭网络中的服务和用户数量相对较少，因而家庭网络也就比较简单。所以对整体功能要求也不太高，包括：

（1）区别不同服务；

（2）优先级标识；

（3）优先级处理。

2．未来家庭网关的服务质量保障功能要求

随着家庭服务的丰富，家庭网络会越来越复杂，家庭网关的服务质量保障功能也会随之越来越丰富。

（1）如果家庭网络中增加了无线接入应用，就要考虑质量映射问题。

（2）一个家庭里出现多个用户，就要考虑不同服务等级问题。

（3）当家庭用户感觉到对自己的家庭网络缺乏控制和管理能力时，就要考虑全网统一的服务质量保障管理和控制问题。

（4）当家庭里的服务种类繁多时，就要考虑如何监控这些服务是否按照事先约定占用网络资源问题。

3．家庭网关服务质量方案的选择原则

（1）从全网的角度出发，宜采取全网一致的管理和控制策略。

（2）服务质量保障功能需要与其他功能，如安全、管理、IP 地址分配等统一考虑，互相配合。

（3）家庭网关是一个要推向市场的产品，所以性价比是衡量方案优劣的重要标准。事实上，服务质量保障是一个逐步完善的过程。

（三）立项的必要性

从上述讨论不难看出，家庭网络服务质量保障是家庭网络的基础课题之一。从中国通信标准化协会关于我国基于电信网络的家庭网络标准化研究计划中也可以发现，家庭网络服务质量保障是计划研究制订的标准之一。

二、家庭网络的网络安全

（一）家庭网络的网络安全概念

此处提到的"家庭网络的安全问题"确切的是指"家庭信息系统"的安全。家庭信息系统是家庭信息基础设施和家庭信息业务系统的总和。

家庭信息系统安全泛指网络系统的硬件、软件及系统中的数据受到保护，不受偶然的或恶意的原因而遭到破坏、更改和泄露，系统连续可靠地运行，网络服务不被中断。

（二）信息系统安全结构

信息系统安全包括信息安全和信息基础设施安全。其中，信息安全包括信息应用安全和信息自身安全；信息基础设施安全包括计算机系统安全和电信网络安全。此处，信息基础设施是采用 ITU 的定义，美国称为网络世界（Cyber）。

家庭信息系统安全是在家庭网络/公共电信网络界面上考虑的双向问题：对于家庭网络安全，防止来自公共电信网络的攻击；对于公共电信网络安全，防止来自家庭网络的攻击。

（三）网络对抗概念

电信网络中的进攻和防卫是一组对抗事件。电信网络的各个组成部分都存在对抗事件。在电信网络的各个部位中，网络防卫总是存在局限性、薄弱环节和漏洞，因此使得网络攻击成为可能；同样，网络攻击也存在局限性、薄弱环节和漏洞，因此使得网络防卫成为可能。网络攻击一再升级；网络防卫一再完善，这就形成了永无尽期的网络对抗。攻击和防卫包括：

（1）第一种网络攻击——非法利用；

（2）第二种网络攻击——秘密侦测；

（3）第三种网络攻击——恶意破坏；

（4）第一种网络防卫——技术机理防卫；

（5）第二种网络防卫——对抗技术防卫；

（6）第三种网络防卫——工程应用防卫；

（7）第四种网络防卫——运营管理防卫。

（四）家庭网络面临的安全问题

（1）不可信网络世界中的可信系统；

（2）无所不在的因特网再扩散脆弱性；

（3）软件是脆弱性的主要所在；

（4）攻击和脆弱性都在迅速增长；

（5）无休止的"补丁"不是解决安全问题的办法；

（6）目前采取的"周边防御策略"的弱点已经非常清楚。

（五）家庭网络需要设置的安全研究课题

（1）电信网络的可信机理研究；

（2）安全的基础协议；

（3）安全的软件工程和软件自主保障；

（4）安全策略研究；

（5）标识识别技术；

（6）监视和探测技术。

三、标识认证技术

（一）认证技术是构建可信社会的技术基础

当前，全球信息化正在向纵深发展，随着发展重心从基础网络设备建设转入网络资源的开发利用，发展与安全的矛盾更加突出。这促使安全思路从消极的被动防护转向主动的综合治理。利用认证技术布建安全管理资源，将现实世界中的"身份证""户口本""车牌照""条形码"等管理手段延伸到网络空间，建立起贯通从计算、连接一直到应用各个环节的整体安全可信环境。在无序世界中建立起有序的可信社会（Trusted Cyber space）。这将成为继"信息高速公路"（NII）之后新的发展主题和巨大的发展机遇。新的一轮发展客观上要求信息安全技术走出纯安全技术范畴，进入更加广阔的社会管理领域，快速发展成为架构和管理信息社会的工具，而认证技术也将成为类似 TCP/IP 那样的关键支撑技术。为适应构建全球化可信社会的需要，新一代认证技术必须具备规模化（至少不能少于 IPv6 的地址资源）、标准化（以保证全球范围交叉认证的需要），具有直接标准认证和验证能力，以及简单易用、成本低廉和超稳定等特点。正因如此，美国总统信息技术咨询委员在 2005年向布什总统提交的"网络安全：急中之急"的紧急报告中，将发展规模化的新一代（十亿级）认证与鉴别技术列在首位。

（二）CPK 可信认证系统

经过十多年的发展，目前世界上已形成 3 种认证系统。

（1）基于公共密钥基础设施（PKI）技术实现的认证系统；

（2）基于标识（IBE）算法实现的认证系统；

（3）基于组合公钥（CPK）算法实现的标识认证系统。

以上 3 种系统中唯有 CPK 综合解决了规模化、标识认证/验证、无需第三方证明、不需要在线数据支持等关键技术问题，并已达到芯片级实现。3 种认证系统的功能比较见表 11-1，表中的成本包括建设成本和运营成本。

表 11-1　　　　　世界现存的 3 种认证系统功能比较

名称	公布时间	处理能量	标识认证	密钥存储	认证方式	第三方认证	成本
PKI	1996 年	10^3	不适应	目录库级	在线	需要	100
IBE	2001 年	10^3	不适应	目录库级	在线	不需要	50
CPK	2005 年	$10^{48\sim77}$	可以	芯片级	脱线	不需要	<5

CPK 可信认证系统建立在 CPK 可信逻辑基础上，并通过 CPK 密钥算法实现。CPK 可信逻辑采用"条件满足性"的证明方法，由主体可信性、客体可信性、内容可信性、行为可信性 4 个方面证明，大大超出了相信逻辑的形式化推理证明（建立在假设条件下，只能证明到客体的可信性），从而为构造超大规模、适用广泛的可信认证系统奠定了坚实的理论基础。

（三）CPK 可信认证系统的特点

（1）利用离散对数、椭圆曲线密码理论，构造出公、私钥矩阵，以少量因素生成大量公、私钥对，彻底解决了规模化难题。在实际试验中，通过组合方式，仅占用 25KB 空间就能处理 10^{48} 个以上的公钥，整个认证系统和认证过程可以在芯片级实现，不需要在线数据库（LDAP）的支持，与其他系统相比，极大地提高了效率，有效地降低了成本。该系统既适应专用网的强制性保护，也适应于公网的自主性保护，系统规模不限，而且越大效益越高。

（2）通过映射算法将公、私钥变量和用户标识绑定，实现了直接标识认证和验证，解决了基于标识的密钥管理难题，同时省去了第三方证明的层次化 CA 机构链，大大简化了认证体系结构和认证过程，可直接应用到计算、通信等各个领域。

（3）通过定义作用域密钥参数的方法，既能实现系统间的分割又能实现交叉认证，可以用于构建超大规模（如国家级、行业级）的公共安全和管理平台。

（4）通过一个实体多个标识的设置，极大地丰富了应用和管理资源，可以满足一卡多用的需求，增强了应用中的安全性、灵活性和适应性。

（5）密钥管理采用集中生产分发、分散使用保密的模式，实现了分散应用与集中控制的有机统一，具有可控制、易管理的优点，便于构建自上而下的信任体系，为实施宏观管理奠定了基础。

（6）采用芯片物理和软件逻辑双重保护，能够有效防止合谋攻击威胁。

目前 CPK 可信认证系统的基础技术开发工作已经完成，整个系统已经通过芯片级实现，从而为发展新一代可信安全技术和产品奠定了坚实的基础。

（四）家庭网络采用 CPK 可信认证系统的必要性

家庭网络网关必须防卫来自公共电信网络的攻击，以保卫家庭网络的网络安全；公共电信网络网关必须防卫来自家庭网络的攻击，以保卫各个电信网络的网络安全。因此，在家庭网络网关与公共电信网络网关之间需要建立标识认证机制。CPK 可信认证系统提供了目前最有可能的解决方案。

因此，有必要设置 CPK 可信认证系统应用研究课题，澄清 CPK 可信认证系统机理；开发 CPK 可信认证系统嵌入家庭网关和公共电信网络网关的应用软件；实现家庭网关与公共电信网络网关之间的可信连接。

四、家庭网络的远程管理

（一）家庭网络远程管理的必要性

（1）公用电信网络的网元数量一般比较少，而家庭网络的网元数量则非常庞大，所以，没有良好的管理工具，无法维护和管理家庭网络。

（2）家庭网络的使用者是普通用户，不可能像机房里的专业工作人员那样恪守安全规范，不做有害于网络安全的操作。更有可能的是一些使用者是怀有恶意的。

（3）家庭网络遍布各个地区，远程管理是必不可少的，上门服务只有在极特别的情形下才进行。

可见，远程管理能力是家庭网络不可缺少的一种能力。

（二）远程管理系统架构

从体系架构上来说，一个远程管理系统应包含以下几个层面。

（1）应用层：包含实际的应用。

（2）家庭网络/业务层：用来定义和执行运行在家庭网络上的业务。

（3）设备功能管理层：用来定义和执行运用在设备上的功能。

（4）协议层：把功能原语映射到特定的协议栈。

（三）远程管理系统的接口

家庭网络的远程管理系统是一个网元管理系统。它不仅只与家庭网络内的设备交互，同时还与运营商的运营支持系统（OSS）以及其他运营商网络的网元管理诊断系统交互。为了和其他系统交互，远程管理系统必须提供相应的接口，一般称它们为北向接口和南向接口。

（1）北向接口：远程管理系统与人工操作员和高层信息系统（如OSS）交互的接口，人工操作员和高层信息系统通过它控制和配置远程管理系统。

（2）南向接口：远程管理系统与家庭网络内的设备之间的接口。该接口通常有两种管理协议，它们是 TR-069 和 SNMP。

（四）远程管理的对象

远程管理系统的管理对象是家庭网络中的各种设备，如家庭网关、机顶盒（STB）等。只要这些设备支持 TR-069 或 SNMP，就可以被远程管理系统管理。

（五）远程管理功能

（1）网元管理

网元管理包括家庭网络内部设备的清单管理、固件管理和配置管理。

（2）监控、故障发现和诊断

通过处理家庭网络内部设备的事件和报警报告，或轮询设备得到监控信息，以实现监控、诊断和故障发现。监控、诊断和故障发现包括：

① 事件和报警管理模块；

② 诊断模块；

③ 故障排除模块；

④ 统计模块。

（3）业务管理

业务管理包括在家庭网关、适配设备、终端设备上进行业务的配置，如视频、VoIP。

（六）立项的必要性

从上述讨论不难看出，家庭网络的远程管理是家庭网络的基础课题之一。从中国通信标准化协会关于我国基于电信网络的家庭网络标准化研究计划中也可以发现，家庭网络的远程管理是计划研究制订的标准之一。

五、家庭网络的联网技术

（一）家庭网络联网的典型思路

家庭网络由家庭网关、家庭传输系统和各个用户终端组成。家庭传输系统决定家庭网络的繁简程度、施工难易程度、辐射高低程度、网络安全优劣程度和成本高低。可见，家庭传输系统选择是家庭网络联网设计的关键。

1. 无线联网

无线联网包括无线个域网（WPAN）和无线局域网（WLAN）。

2. 有线联网

有线联网包括快速以太网（100Base-T）和利用通用电力线作总线的有线局域网（ELAN）。

（二）课题任务

针对不同应用环境，提出几种家庭网络的联网总体方案设计。

六、家庭网络的 IP 地址分配

（一）IP 地址分配方式的影响

对于多业务网络而言，IP 地址的分配方式直接影响到业务的部署及整个网络架构的设计，同时也关系到家庭网关的功能。

（二）IP 地址的分配原则

对于多业务网络 IP 地址的分配，总的原则是，要便于业务的开展和部署。

IP 地址的分配和规划是一个全网的问题，关系到网络架构、业务特性及业务系统内部工作流程，家庭网关只是其中一个元素。归结到家庭网关，关键的问题就在于每个家庭网关到底需要支持多少个地址并且在什么情况下用公网地址和在什么情况下用私网地址。

运营商根据业务特性、业务部署规模及自己拥有的 IP 地址资源等多方面因素决定采用哪种类型的地址。

（三）IP 地址分配方式分类

多业务网络的 IP 地址分配有两种方式。

1. 单地址方式

一个家庭网络分配一个 IP 地址，所有业务（即业务终端）都共同使用这个 IP 地址。

2. 多地址方式

每个业务有自己的 IP 地址段，一个家庭网络可以有多个 IP 地址。由于多个业务平台往往相对独立，因此采用多地址方案更便于多种业务的部署。

（四）公网地址与私网地址分类

1. 公网地址

使用公网地址可以避免业务穿越私网的麻烦，使业务部署更加简便，但耗费大量地址资源。

2. 私网地址

使用私网地址可以节省地址资源，但给业务实现带来一些麻烦。

（五）桥接型或路由型家庭网关分类

1. 桥接型家庭网关

桥接型家庭网关只有两层功能。

在使用桥接型家庭网关的情况下，因为家庭网关不会修改数据包的 IP 地址信息，所以每一个家庭网络设备（如机顶盒）会自动获取到一个 IP 地址。这就意味着支持桥接型家庭网关的网络架构必须支持对每个家庭网络都分配多个 IP 地址。

2. 路由型家庭网关

路由型家庭网关有三层功能。

在使用路由型家庭网关的情况下，家庭网关可以采用 NAT 技术，家庭网络对运营商网络来说可以使用一个或几个 IP 地址。

（六）立项的必要性

从上述讨论不难看出，家庭网络的 IP 地址分配是家庭网络的基础课题之一。从中国通信标准化协会关于我国基于电信网络的家庭网络标准化研究计划中也可以发现，家庭网络的 IP 地址分配是计划研究制定的标准之一。

七、正交频率复用（OFDM）技术

（一）OFDM 的发展历程

（1）1970 年发布 OFDM 专利；

（2）1971 年 Weinstein/Ebert 提出采用离散傅里叶变换（DFT）实现 OFDM 技术；

（3）1981 年 Hirosaki 应用 OFDM/DFT 技术实现 19.2kbit/s 的 Modem；

（4）随后，OFDM 在 ADSL、VDSL、DVB、DAB、HDTV 等系统中广泛实用；

（5）199X 年 OFDM 在无线信道中应用。

（二）基本特点

OFDM 在频率域把信道分割成为许多正交子信道,各个子信道的载波之间保持正交，频谱相互重叠。因而，减少了子信道之间的干扰，提高了频谱利用率。同时，每个子信道上信号带宽小于信道带宽，所以，虽然整个信道的频率特性是不平坦的，但是每个子信道的频率特性是相对平坦的。因而 OFDM 技术解决了信号间干扰的问题。

OFDM 具有抗多径能力强、频谱利用率高的优点。它实现的困难在于，要求严格同步和信号峰值与平均值之比高。

（三）主要标准

1. VOFDM（Vector OFDM）

由 Cisco 倡导，IEEE 工业标准技术组织（IEEE-ISTO）成立了宽带 Internet 论坛（BWIF）。联合采用 OFDM、阵列天线，实现空间、时间、频率联合分集。

2. WOFDM（Wideband OFDM）

OFDM 论坛联合采用 OFDM、前向纠错、随机相位的信号白化技术和直接序列扩频技术。

（四）OFDM 在数字电视地面传输系统中的应用

国外现有 3 个数字电视传输标准，但技术上能够全面支持高清电视、高速移动、便携接收、大范围单频组网等问题仍没有完全解决，也是国内外竞争的重点。其主要难点是：高速移动使信道特性快速时变，对宽带系统是非常严峻的考验；大范围覆盖造成长延时，多径干扰严重；便携严格要求低功耗。现已有全频域处理和全时域处理两种思路的实现方法。

清华大学提出一种"时一频结合的新体制"，叫做时域同步正交频分复用数字传输方式 TDS-OFDM。其中，和日时分秒同步的复帧结构，每 500ms 数据都有地址信息，具有多媒体广播特点和省电功能。TDS-OFDM 的帧头是一个带自身保护的结构独特的 PN 序列，高速移动和抗多径干扰能力都非常强。在时域，还可以多级帧头联合处理，适应大范围覆盖造成的复杂干扰环境。时域的已知 PN 序列可精确测算出传输信道特性，在时域帧头的辅助下，频域帧体通过简单算法可以精确消除信道引入的干扰。

基于 TDS-OFDM 技术的 DMB-T 系统，经过多次实验室测试、场地测试和用户使用证明，主要技术经济指标达到国内外同类技术领先水平。2001 年信息产业部和广电总局联合推荐到国际电联，引起了高度关注。它和国外现有的 3 个数字电视地面传输标准具有相同的接口，成功地解决自主标准的快速产业化和降低产品成本难题。2001 年年初，DMB-T 的第一代专用芯片开发成功，经过优化、改进，现已在国内批量生产。

八、家庭网络电磁兼容（部标预计研究标准）

（一）有关国家电磁兼容标准

（1）《家用电器、电动工具和类似器具的电磁兼容要求 第 1 部分：发射》（GB 4343.1—2009）。

（2）《家用电器、电动工具和类似器具的电磁兼容要求 第2部分：抗扰度》（GB 4343.2—2009）。

（3）《电工术语 电磁兼容》（GB/T 4365—2003）。

（4）《无线电骚扰和抗扰度测量设备和测量方法规范 第1—1部分：无线电骚扰和抗扰度测量设备 测量设备》（GB/T 6113.101—2016）。

（5）《无线电骚扰和抗扰度测量设备和测量方法规范 第2—1部分：无线电骚扰和抗扰度测量方法 传导骚扰测量》（GB/T 6113.201—2008）。

（6）《无线电骚扰和抗扰度测量设备和测量方法规范 第2—2部分：无线电骚扰和抗扰度测量方法 骚扰功率测量》（GB/T 6113.202—2008）。

（7）《无线电骚扰和抗扰度测量设备和测量方法规范 第2—3部分：无线电骚扰和抗扰度测量方法 辐射骚扰测量》（GB/T 6113.203—2016）。

（8）《无线电骚扰和抗扰度测量设备和测量方法规范 第2—4部分：无线电骚扰和抗扰度测量方法 抗扰度测量》（GB/T 6113.204—2008）。

（9）《电磁环境控制限值》（GB 8702—2014）。

（10）《〈信息技术设备的无线电骚扰限值和测量方法〉国家标准第1号修改单》（GB 9254—2008/XG1—2013）。

（11）《声音和电视广播接收机及有关设备抗扰度 限值和测量方法》（GB/T 9383—2008）。

（12）《声音和电视广播接收机及有关设备 无线电骚扰特性 限值和测量方法》（GB 13837—2012）。

（13）《信息技术设备 抗扰度 限值和测量方法》（GB/T 17618—2015）。

（14）《电磁兼容 综述 电磁兼容基本术语和定义的应用与解释》（GB/T 17624.1—1998）。

（15）《电磁兼容 限值 谐波电流发射限值（设备每相输入电流≤16A）》（GB 17625.1—2012）。

（16）《电磁兼容 限值 对每相额定电流≤16A 且无条件接入的设备在公用低压供电系统中产生的电压变化、电压波动和闪烁的限制》（GB 17625.2—2007）。

（17）《电磁兼容 试验和测量技术 抗扰度试验总论》（GB/T 17626.1—2006）。

（18）《电磁兼容 试验和测量技术 静电放电抗扰度试验》（GB/T 17626.2—2006）。

（19）《电磁兼容 试验和测量技术 射频电磁场辐射抗扰度试验》（GB/T 17626.3—2006）。

（20）《电磁兼容 试验和测量技术 电快速瞬变脉冲群抗扰度试验》（GB/T 17626.4—2008）。

（21）《电磁兼容 试验和测量技术 浪涌（冲击）抗扰度试验》（GB/T 17626.5—2008）。

（22）《电磁兼容 试验和测量技术 射频场感应的传导骚扰抗扰度》（GB/T 17626.6—2008）。

（23）《电磁兼容 试验和测量技术 供电系统及所连设备谐波、谐间波的测量和测量仪器导则》（GB/T 17626.7—2008）。

（24）《电磁兼容 试验和测量技术 工频磁场抗扰度试验》（GB/T 17626.8—2006）。

（25）《电磁兼容 试验和测量技术 脉冲磁场抗扰度试验》（GB/T 17626.9—2011）。

（26）《电磁兼容 试验和测量技术 阻尼振荡磁场抗扰度试验》（GB/T 17626.10—1998 ）。

（27）《电磁兼容 试验和测量技术 电压暂降、短时中断和电压变化的抗扰度试验》（GB/T 17626.11—2008）。

（28）《电磁兼容 试验和测量技术 振铃波抗扰度试验》（GB/T 17626.12—2013）。

（29）《电气照明和类似设备的无线电骚扰特性的限值和测量方法》（GB 17743—2007）。

（30）《电磁兼容 通用标准 居注商业和轻工业环境中的抗扰度试验》（GB/T 17799.1—1999）。

（31）《电磁兼容 通用标准 工业环境中的抗扰度试验》（GB/T 17799.2—2003）。

（32）《电磁兼容 通用标准 居住、商业和轻工业环境中的发射》（GB 17799.3—2012）。

（33）《电磁兼容 通用标准 工业环境中的发射》（GB 17799.4—2012）。

（34）《电磁兼容 通用标准 室内设备高空电磁脉冲（HEMP）抗扰度》（GB/T 17799.5—2012）。

（35）《短波无线电收信台（站）及测向台（站）电磁环境要求》（GB 13614—2012）。

（36）《电信网络设备的电磁兼容性要求及测量方法》（GB/T 19286—2015）。

（37）《陆地移动通信设备电磁兼容技术要求和测量方法》（GB/T 15540—2006）。

（二）课题任务

根据家庭网络设计情况，参考上述国家和军用电磁兼容标准，提出家庭网络电磁兼容标准草案。

九、家庭网络环境保护（部标预计研究标准）

（一）有关安全性国家标准

（1）《标准电压》（GB/T 156—2007）。

（2）《安全标志及其使用导则》（GB 2894—2008）。

（3）《人机界面标志标识的基本和安全规则 设备端子和导体终端的标识》（GB/T 4026—2010）。

（4）《家用和类似用途电器的安全 第 1 部分：通用要求》（GB 4706.1—2005）。

（5）《信息技术设备 安全 第 1 部分：通用要求》（GB 4943.1—2011）。

（6）《激光产品的安全 第 1 部分：设备分类、要求》（GB 7247.1—2012）。

（7）《电子设备雷击试验方法》（GB/T 3482—2008）。

（8）《电磁环境控制限值》（GB 8702—2014）。

（9）《音频、视频及类似电子设备　安全要求》（GB 8898—2011）。

（10）《无线电发射设备安全要求》（GB 9159—2008）。

（11）《〈信息技术设备的无线电骚扰限值和测量方法〉国家标准第1号修改单》（GB 9254—2008/XG1—2013）。

（12）《微波和超短波通信设备辐射安全要求》（GB 12638—1990）。

（13）《系统接地的型式及安全技术要求》（GB 14050—2008）。

（14）《移动通信设备　安全要求和试验方法》（GB 15842—1995）。

（二）课题任务

根据家庭网络设计情况，参考上述国家和军用电磁兼容标准，提出家庭网络电磁安全性标准草案。

十、家庭电力线传输系统

（一）电力线传输技术现状

（1）高压电力线传输（电力线载波传输）技术久已成熟；

（2）低压电力线传输技术是近年国际研究热门课题。近年已经出现不少类型的电力线数传机（电猫），近距离传输速率达到几十 Mbit/s。但是，因为用户应用的低压电力线干扰特别严重，阻抗时变剧烈。进一步提高传输速率和传输距离的研究进展比较缓慢。

目前电力线传输技术典型数据如图 11-1 所示。

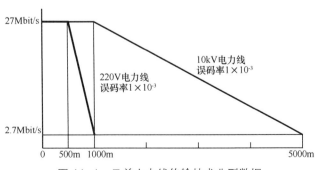

图 11-1　目前电力线传输技术典型数据

国际上热衷于研究低压电力线传输技术的目的是实现用户上网。但是，通过低压电力线上网遇到了两个困难问题。其一，电力线传输技术的容量和距离未能达到需要的目标；其二，一些国家目前不允许利用电力线上网。

（二）一个重要机会

在用户家庭中，做必要的滤波隔离，从而使家庭电力线干扰明显降低，阻抗变化明显减轻，距离明显缩短（小于 500m），这时电力线传输系统就比较适用。

（三）课题任务

（1）研究目标：距离小于 500m；速率高于 100Mbit/s。

（2）提供 3 类接口：STM 接口、IP 接口和 ATM1 接口。

十一、家庭网络的用户终端融合

（一）家庭网络现实状况

（1）电信网络及其支持的固定电话、移动电话和乐音业务逐步向家庭普及；

（2）计算机网络及其支持的办公和娱乐功能逐步向家庭普及；

（3）广播电视网及其支持的广播电视、数字电视和点播电视逐步向家庭普及；

（4）本来就在家庭普及的白色家用电器逐步向数字化和智能化提升。

（二）家庭网络的发展策略

关于数字家庭发展，普遍认为需要一个过程。数字家庭整个建设和运营需要分步实施，包括业务层面、网络层面、家庭网络层面、终端业务层面、内容开发商层面、标准层面，都需要一个组织和准备的过程。面向现实特定家庭电子系统，逐步提升特定业务系统功能和性能；逐步建立和完善家庭网络；逐步建立和扩展数字家庭市场；由点到面，逐步推动消费量和投资类电子产业发展。

（三）家庭网络发展的切入点

（1）有人强调从"家庭娱乐"入手；

（2）有人强调从"家庭控制"入手；

（3）有人强调从"三块屏幕（手机、PC、TV 屏幕）"入手。

手机屏幕、电脑屏幕和电视机屏幕在发生互联，这种互联给消费者带来新的娱乐方式，而且会给产业带来很多的商机。其实用户终端融合不仅限于屏幕融合，还有其他广阔领域。例如，DVD 与电视机之间的存储与显示功能融合；数字照相机与电视机之间的传感与显示功能融合；移动手机与固定电话机之间的语音业务融合等。移动手机的移动性、计算机的处理能力、电视机的显示功能、DVD 的存储能力、数字照相机的摄像传感能力等，形成了用户终端广泛融合的基础。

（四）课题任务

（1）分析家庭用户终端（包含屏幕）融合的意义；

（2）设计家庭用户终端（包含屏幕）融合的总体方案。

十二、软网关技术

（一）网关设计问题

网关是家庭网络的核心设备，如何设计网关是一个重要问题。

（二）软交换设计思路值得借鉴

软交换技术是在 IP 电话的基础上发展起来的新技术或新概念。

为了实现 Internet 与 PSTN 之间的电话业务互通，必须在 Internet 与 PSTN 之间设置网关。利用这个网关实现用户面互通（例如，媒体网间信号格式变换）、控制面互通（例如，PSTN 的编号与 Internet 的地址变换）和管理面互通（例如，资源管理、计费管理等）。

在 IP 电话网中，考虑到网关功能的灵活性、可扩展性和高效率，提出了分解网关功能的概念。把 IP 电话网关分解为媒体网关、信令网关和媒体网关控制器，每一个功能实体完成一定的功能。其中，媒体网关控制器主要完成呼叫控制功能；媒体流的传送和转换由在媒体网关控制器控制下的媒体网关完成。媒体网关控制器就是最初的软交换。软交换设计思路如图 11-2 所示。

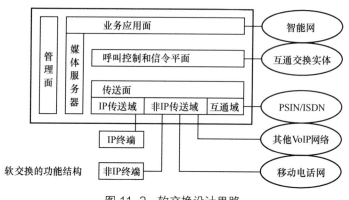

图 11-2　软交换设计思路

"软"的意义有两个：其一，传统交换系统实现以硬件为主，实现软交换系统主要采用软件技术；其二，传统交换系统是由专用件实现的专用系统结构，软交换系统是由通用件实现的开放系统结构。

归纳起来，软交换的主要优点如下。

（1）将寻址控制与电信业务分开，因而允许电信业务运营商与电信基础设备提供商分别操作，这样就可以分别改善电信业务支持能力和电信设备升级能力。

（2）软交换系统实现基本采用软件技术，软交换系统是由通用件实现的开放系统结构。这样就可以改善灵活性和降低设备成本。

（三）NGN 总体参考模型

设计家庭网络网关应当遵循 ITU-T/SG13 建议草案中的 NGN 的总体功能要求和结构。NGN 总体参考模型如图 11-3 所示。

（四）课题任务

提出软网关总体设计方案。

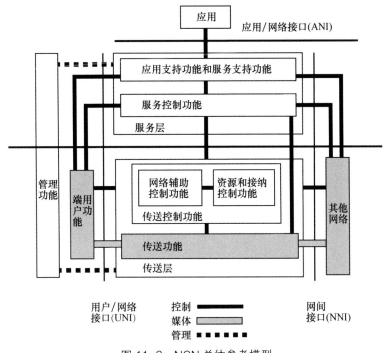

图 11-3　NGN 总体参考模型

十三、基于 HFC/ELC 的家庭网络试验系统

基于 HFC/ELC 的家庭网络试验系统框架如图 11-4 所示。

（一）网络结构

（1）公共电信网络网关的网络面，通过光缆传输系统，接通现存所有各类电信网络：PSTN/Internet/CATV/B-ISDN；

（2）公共电信网络网关的用户面，通过电缆传输系统，连接若干 HFC 分配网络；

（3）家庭网络网关的网络面连接 HFC 电缆传输系统接口；

（4）家庭网络网关的用户面连接家庭网络电力线传输总线；

（5）所有各类家用电器终端设备直接接入家庭网络电力线传输总线。

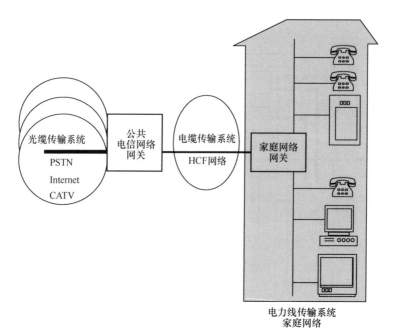

图 11-4　基于 HFC/ELC 的家庭网络试验系统框架

（二）实现功能

（1）传统有线广播电视；

（2）传统有线公用电话；

（3）传统有线计算机网络；

（4）电视机多部或可搬移接入；

（5）电话机多部或可搬移接入；

（6）计算机多部或可搬移接入；

（7）家用电器远程监视和远程控制；

（8）点播付费电视；

（9）网上付费游戏；

（10）电子商务。

（三）主要特点

（1）充分使用现存各类公共电信网络资源；

（2）家庭网络平台基于现实技术高度标准化；

（3）公共电信网络网关与家庭网络网关都采用软网关实现技术；

（4）公共电信网络网关与家庭网络网关之间采用标识认证机制；

（5）完善的远程管理和木地管理；

（6）家庭网络设备只有一个家庭网络网关设备；

（7）所有各类家用电器设备只有一条连接线与电力线总线连接。

（四）研制开发工作

（1）确立项目；

（2）采取 HFC/ELC 的家庭网络体制的论证；

（3）总体技术设计；

（4）公共电信网络软网关研制；

（5）家庭网络软网关研制；

（6）电力线传输系统终端研制；

（7）各类家用电器的连接线接口改造；

（8）管理系统开发研制；

（9）标识认证系统开发研制；

（10）系统现场试验；

（11）项目鉴定。

结　　语

要点

- ★ 数字家庭的基本概念
- ★ 数字家庭的支持技术
- ★ 数字家庭的技术标准
- ★ 数字家庭的技术预研项目
- ★ 一些值得深入思考的问题
- ★ 关于本书的局限性

一、数字家庭的基本概念

数字家庭是一个发展中的持续创新的概念。现在人们正在享受现在的数字家庭；将来享受将来的数字家庭。因此，数字家庭概念对于消费者来说，是一个逐渐感受的过程；对于企业家则可能是一个持续创造和持续盈利的商机。因此，数字家庭信息系统总体概要设计必须考虑数字家庭是一个发展中的概念。数字家庭信息系统总体概要设计不宜刻意去追求，客观上也不存在最终解决方案，而应不断推出与时俱进的现实有效的解决方案。

数字家庭是现实存在的各种信息系统在家庭中的集合产物。电信网络及其支持的固定电话、移动电话和乐音业务逐步向家庭普及；计算机网络及其支持的办公和娱乐功能逐步向家庭普及；广播电视网及其支持的广播电视、数字电视和点播电视逐步向家庭普及；本来就在家庭普及的白色家用电器逐步向数字化和智能化提升。这些设施集合于一个家庭，在给用户家庭带来更好服务的同时，也使得家庭电器复杂化。数字家庭信息系统总体概要设计应当在集合的基础上逐步实现融合。

可见，数字家庭涉及所有接入家庭的各类信息系统，对于不同的用户在不同的发展时期具有不同的使用要求。因此，从事数字家庭信息系统总体概要设计工作必须熟悉相关信息系统的基本知识，而且必须了解不同用户的不断演变的使用需求。从功能角度来看，数字家庭的基础是家庭网络；从经济角度来看，家庭网络的基础是传输系统的成本。这是进行数字家庭信息系统总体概要设计时必须关注的基本事实。

二、数字家庭的支持技术

数字家庭包括家庭数字信息设施和家庭数字信息应用。其中，家庭数字信息设施包括信息基础设施和家用电器；家庭数字信息应用包括办公应用、观摩应用和交互应用。家庭数字信息设施和家庭数字信息应用分别属于截然不同的社会领域，家庭数字信息设施属于自然科技领域；家庭数字信息应用属于社会人文领域。因此，国际上现实存在的数字家庭标准化组织，普遍是由电子领域专家组成的，他们规划数字家庭的家庭数字信息设施。家庭数字信息设施中，由于信息基础设施和家用电器两部分的技术差异和需求程度不一，研究进展也大不相同。所以，中国通信标准化协会（CCSA）目前集中研究基于电信网络的家庭网络标准制订的总体考虑。

家庭网络技术总是伴随电信广播技术和家用电器技术的发展而发展的，特别是伴随电信网络技术发展。在电信网络技术中，核心网络的技术融合已经完成，近年的研究重点是接入网络实现技术。如果家庭网络的技术融合能够妥善解决，那么接入网络的技术融合也就迎刃而解了。可见，家庭网络技术可能是解决接入技术融合的良好切入点。但是，家庭网络技术也有它特定的任务，即简单、有效、经济地支持实现家庭网络平台，这是家庭网络支持技术的使命，也是发展家庭网络支持技术的基本原则。

三、数字家庭的技术标准

数字家庭技术标准的基础内容是家庭网络支持技术标准。家庭网络支持技术标准总体上是伴随电信广播技术标准和家用电器技术标准的发展而发展的。目前看来，家庭网络技术标准研究远远落后于电信网络技术标准研究和家用电器技术标准研究，其主要原因是：① 基于电信网络的家庭网络概念尚未完善；② 基于家用电器的家庭网络概念尚未形成。因此，目前关于数字家庭技术标准研究，主要集中在基于电信网络的家庭网络总体技术方面。显然，目前处于数字家庭技术标准研究的初期阶段，也是数字家庭技术标准研究的重要阶段。

四、数字家庭的技术预研项目

显然，数字家庭技术预研与电信广播技术预研和家用电器技术预研密切相关。因此，数字家庭支持技术必然伴随电信广播技术预研和家用电器技术预研的发展而发展。其中，家庭网络支持技术可以广泛取自各类电信网络技术。但是，家庭网络与电信网络之间具有不同的网络环境、不同的支持业务和不同的设计目标，因而需要不同的支持技术。

例如，对于 AAL2 交换技术和 MPLS 路由技术，电信网络适用而家庭网络不适用；对于电力线传输技术，电信网络不适用而家庭网络适用。此外，家庭网络与电信网络发展进程不同，对于不同技术发展的轻重缓急需求也不同。如广播电视网络近年重点解决用户双向接入问题，而家庭网络首先要解决家庭网络传输问题。因此，数字家庭研究必须设置自己的技术预研课题。不论这些课题在其他领域是否存在，它们对数字家庭发展都是必不可少的。

五、一些值得深入思考的问题

以下是在从事数字家庭支持技术研究开发过程中，值得人们深入思考的问题。

（1）现实各类信息系统是彼此独立的。电信网络的融合发展对于数字家庭将会产生什么影响?核心网络逐渐融合，家庭网络是否也会融合?

（2）现实各类接入网络是彼此独立的，而且各类接入技术发展很不平衡。这种不平衡将对家庭网络产生什么影响?

（3）现实各类用户终端是彼此独立的。显然，各类用户终端的潜在能力未得到充分发挥，而且各类用户终端具有融合的可能。例如，电视机屏幕、计算机屏幕和移动电话机屏幕的融合；个人计算机处理能力的综合利用等。但是，这种融合需要付出多大代价?这种融合能够得到多大好处?

（4）从近期发展来看，采取"支持单个业务系统扩展的家庭网络"策略有明确的余地，这种发展可能持续多久?

（5）从近期发展来看，采取"支持狭义综合业务系统扩展的家庭网络"策略也有明确的余地，这种发展可能持续多久?

（6）有必要或者有可能实现"广义综合业务系统扩展的家庭网络"吗?至少现在尚未清楚。

（7）初步看来，以 HFC 作为家庭接入网，以电力线作为家庭网络传输系统，是一个可取方案。但是，其中还有多少具体技术问题需要解决?特别是，这种方案的成本如何?

六、关于本书的局限性

本书书名是《数字家庭网络总体技术》，顾名思义，其内容仅仅限于数字家庭总体技术方面，而且仅仅限于数字家庭有关电信网络总体技术方面。

目前，我国政府正在积极推动数字家庭产业发展。例如，广东省提出了《数字家庭行动计划》，技术专家们也在积极推动数字家庭概念和技术研究；"2006 数字家庭高峰论坛"召开，一些公司也在积极准备发展数字家庭产业；我国已经建立了几个数字家庭标准化组织。这一切是否预示着一个新的产业将要发展起来？

2007 年 5 月于广州

参考文献

[1] 2006 北京数字家庭高峰论坛．网上报告文摘，2016．

[2] 孙玉．电信网络总体概念讨论．北京：人民邮电出版社，2007．

[3] ITU-T．接入网传送（ANT）的标准化计划，Q1/SG15，1998．

[4] 唐宝民．电信网监控和管理技术．北京：人民邮电出版社，2006．

[5] 孙玉．国务院信息办专题研究报告，电信网络的网络安全总体技术框架．2005．

[6] 南相浩．CPK 标识认证．北京：国防工业出版社，2006．

[7] 屈延文．中国信息安全产业发展白皮书（2005—2010）．2005．

[8] 杨知行．数字电视广播传输技术．《中国科学技术前沿》第九卷．北京：高等教育出版社，2002．

[9] 广晟公司．多声道数字音频编解码技术规范，信息产业部报批公示．2006．

[10] 袁明．有线数字电视机顶盒．北京：中国广播电视出版社，2004．

[11] 广东省数字家庭公共服务技术支持中心．广东省数字家庭产业发展"十一五"规划说明．2006．

[12] 中华人民共和国通信行业标准．基于电信网络的家庭网络总体技术要求，报批公示文稿（V1.0）．2006．

[13] 中华人民共和国通信行业标准．基于电信网络的家庭网络设备技术要求报批公示文稿（V1.0）．2006．

[14] 孙玉．广东省数字家庭行动计划 2007 年度技术发展白皮书．2007．

全集出版后记

衷心感谢人民邮电出版社为我出版这套全集。

这套全集与人民邮电出版社有几十年的缘分。因此，我想用我为人民邮电出版社成立 60 周年纪念册《历程》的题词，作为全集出版的后记。

我作为人民邮电出版社 50 年的读者和作者，以十分敬佩和感恩的心情祝贺人民邮电出版社成立 60 周年。从 1962 年起，我就是人民邮电出版社受益丰厚的读者；从 1983 年出版专著《数字复接技术》起，直到 2007 年出版专著《电信网络总体概念讨论》，又成了人民邮电出版社备受关照的作者。可以说，在这五十年间，我与人民邮电出版社结下了不解之缘；与那些敬业奉献的编辑们，从白发苍苍的长辈到风华正茂的后生，建立了深厚的感情。我从内心感谢他们，敬佩他们。确切地说，人民邮电出版社为我国电信技术的发展建立了实实在在的不朽功勋。祝愿人民邮电出版社繁荣昌盛！

我作为人民邮电出版社 50 年的读者和作者，以十分敬佩和感恩的心情祝贺人民邮电出版社成立 60 周年。从 1962 年起，我就是人民邮电出版社受益丰厚的读者；从 1983 年出版专著《数字复接技术》起，直到 2007 年出版专著《电信网络总体概念讨论》，又成了人民邮电出版社的备受关照的作者。可以说，在这 50 年间，我与人民邮电出版社结下了不解之缘；与那些敬业奉献的编辑们，从白发苍苍的长辈到风华正茂的后生，建立了深厚的感情。我从内心感谢他们，敬佩他们。可以确切地说，人民邮电出版社为我国电信技术发展建立了实实在在的不朽功勋。祝愿人民邮电出版社繁荣昌盛。

中国电子科技集团公司
第 54 研究所研究员
中国工程院院士 孙玉
2013 年 7 月 1 日

感谢人民邮电出版社对于我国电信技术发展的支持和贡献！敬佩沈肇熙先生、李树岭编辑、梁凝编辑、杨凌编辑四代编辑的敬业精神和专业水平！感谢邬贺铨院士为我的全集作序！